小样本下的风机故障检测方法及应用

曲福明　荆洪迪　刘金海　著

东北大学出版社

·沈　阳·

图书在版编目（CIP）数据

小样本下的风机故障检测方法及应用 / 曲福明，荆洪迪，刘金海著. — 沈阳 ：东北大学出版社，2022. 3
ISBN 978-7-5517-2959-8

Ⅰ. ①小… Ⅱ. ①曲… ②荆… ③刘… Ⅲ. ①风力发电机－故障检测 Ⅳ. ①TM315. 07

中国版本图书馆 CIP 数据核字(2022)第 044850 号

出 版 者：东北大学出版社
地址：沈阳市和平区文化路三号巷 11 号
邮编：110819
电话：024－83683655(总编室) 83687331(营销部)
传真：024－83687332(总编室) 83680180(营销部)
网址：http://www. neupress. com
E-mail: neuph@ neupress. com
印 刷 者：沈阳市第二市政建设工程公司印刷厂
发 行 者：东北大学出版社
幅面尺寸：170 mm×240 mm
印　　张：10. 5
字　　数：188 千字
出版时间：2022 年 3 月第 1 版
印刷时间：2022 年 3 月第 1 次印刷
策划编辑：孟 颖
责任编辑：郎 坤
责任校对：杨 坤
封面设计：潘正一
责任出版：唐敏志

ISBN 978-7-5517-2959-8　　定 价：59. 00 元

前　言

随着传统石化能源对人类生存环境污染的日益加剧，使用清洁能源取代传统石化能源成为全球能源可持续发展的必然趋势。风能作为一种主要的清洁能源，近几年来发展迅速，全球风力发电机的装机容量连续几年达到了数万兆瓦，有效地缓解了全球能源的压力。随着风力发电的快速发展，风机的有效运维逐渐成为重要的研究课题。风机是一种复杂的新能源发电设备，常年暴露于多变的野外环境中。一旦风机出现故障，无论对电能的产出，还是对电网的安全都会造成巨大的威胁。因此，如何有效地检测风机故障成为保障新能源稳定发展的重要课题。

检测风机故障的方法很多，近年来随着人工智能技术的飞速发展，基于数据驱动的故障检测方法愈加受到业界的重视。但是，这类方法通常需要充足的样本来训练模型，而在风机的日常运行维护中，能够收集到的故障样本数量十分有限，这在很大程度上限制了使用数据驱动方法检测风机故障的效果。

针对这个问题，本书在前人研究的基础上，分别从故障样本生成、数据特征映射、不确定性推理、多变因素推理角度研究了小样本条件下风机故障的检测方法；此外，为了增强小样本条件下风机故障检测的可靠性，本书同时研究了风机故障检测黑盒模型的可解释问题。

本书共 7 章，内容包括：第 1 章介绍了当前风机故障检测的研究现状，以及小样本条件下风机故障检测存在的问题；在第 2 章，针对特征已知的小样本风机故障，研究了基于生成对抗网络的故障样本生成方法；在第 3 章，针对特征未知的小样本风机故障，研究了基于样本挖掘和特征映射的故障检测方法；在第 4 章，针对含有不确定性数据且数量极少的小样本风机故障，研究基于非单值输入和扩展术语及规则的模糊推理故障检测方法；在第 5 章，针对多变环境且数量极少的小样本风机故障，研究基于多维隶属函数和集成隶属度的模糊推理故障检测方法；在第 6 章，为了使小样本条件下的风机故障检测黑盒模型变得可解释，本书从模糊推理角度研究了小样本风机黑盒故障检测模型的解释方法；第 7 章结合学术研究和实际应用的发展趋势，对风机故障检测的未来发展方向进行了展望。

本书是作者们多年研究成果的总结，同时也提出了一些新的理论和观点。在国家“碳达峰、碳中和”重大战略决策下，研发智能化的新能源的高效运维方法是新能源研究的重要方向，本书提出了多种小样本条件下的风机故障检测方法，供读者借鉴和使用。此外，本书受到国家自然科学基金资助(61973071，U21A20481)，在此表示感谢，同时感谢朱宏飞和刘佳睿两位同学对本书的编辑和整理做出的贡献。

由于作者水平有限，不妥之处在所难免，敬请广大读者指正。

著　者

2022 年 1 月

目　录

第1章　绪　论

1.1　概　述

能源是能为人类生存发展提供能量的物质资源。过去的一个世纪，全球工业化的飞速发展消耗了大量以石化能源为主的高碳能源，导致全球碳排放量不断增加，进而引发了全球温室效应等诸多问题，使人类的生存环境面临着巨大的威胁与挑战。发展新型能源、构建清洁低碳的能源利用体系是降低碳排放、实现碳中和的重要措施。

2020 年 9 月 22 日，中国政府在第七十五届联合国大会上提出："中国将提高国家自主贡献力度，采取更加有力的政策和措施，二氧化碳排放力争于 2030 年前达到峰值，努力争取 2060 年前实现碳中和"[1]。2021 年 3 月 5 日，2021 年国务院政府工作报告中指出：扎实做好碳达峰、碳中和各项工作，制定 2030 年前碳排放达峰行动方案，优化产业结构和能源结构[2]。在诸多举措中，开发可再生的清洁能源是解决能源危机和环境问题的关键。

我国的新能源产业发展迅速，根据 2020 年 12 月 21 日国务院发布的《新时代的中国能源发展》白皮书统计，截至 2019 年底，中国可再生能源发电总装机容量 7. 9 亿千瓦，占全球总量的 30%，水电、风电、光伏发电、生物质发电均居世界首位[3]。在诸多新能源中，风电装机容量 2. 1 亿千瓦，占我国可再生能源总量的 26. 7%。风能资源在地球表面储量丰富，是目前发展最快和应用最广泛的清洁可再生能源之一[4]，对风能的开发利用越来越受到各个国家的重视[5]。进入 21 世纪以来，全球风电的发展速度逐年加快，风电市场规模也越来越大[6]。根据国家发展和改革委员会能源研究所发布的《中国可再生能源发展路线图 2050》[7]，我国风电的装机容量将在 2050 年将达到 10 亿千瓦，满足 17% 的国内用电需求。

风力发电机（本书以下简称为"风机"）是将风能转化为电能的主要设备。

在风能的转化过程中，风机的叶轮首先将风能转化为机械能，然后通过主轴、齿轮箱的传动驱动发电机主轴的转动，从而将机械能转化为电能，再通过电气设备将发电机发出的电并入电网。风机是一类重型可再生能源发电设备，根据容量可分为0.75MW、1.5MW、2MW、6MW、12MW等多种。一个装配了33台2MW风机的风力发电场在满发的状态下，一小时可以产出66MW·h电量。如果按照并网电价0.54元/(kW·h)计算，那么风电场每天产出的收益可达80余万元。

然而，随着风电的快速发展，风机装机数量的逐年增多[8-9]，业界对风机发电质量的要求也逐步提高，这使风机的维护压力变得越来越大[10]。在风机的日常运维中，故障检测是一项重要的工作。一旦风机发生故障，因风机停机而造成的发电损失，以及因排查故障和维修故障造成的额外开销都是十分巨大的[11]，同时，风机的故障也影响了稳定的风电输出[12]，给电网的稳定运行造成隐患。研究表明，在风机的运维中，如果能及时地检测出风机故障，那么风机维护的成本将会大幅下降[13]。有效的风机故障检测可以提高风电场的出力水平，是提升发电效率和提高风电场经济效益的主要改善方案[14]。

有效的故障检测对保障风机的安全运行、减少停机造成的经济损失、确保电力系统的稳定、避免灾难事故等都具有十分重要的意义。近年来，随着人工智能的飞速发展，越来越多基于数据驱动和人工智能的方法被用于检测风机的故障。然而，对于风机而言，其故障的样本数量往往很少，一些有效的人工智能方法很难使用少量的故障样本训练出有效的故障检测模型。本书针对这一问题，从不同的角度研究小样本条件下的风机故障检测；针对工程实际的需求，对风机的可靠运行具有重要的理论和实践意义。

1.2 风机故障检测介绍

风机是一个复杂的机械系统，由叶片、轴承、齿轮箱、发电机、转换设备等上百个部件和子系统组成，图1.1为一个风机的典型结构。在风机的运行过程中，由于部件的损耗和环境的影响等多种因素，风机的各个部件和子系统都可能发生不同种类的故障。图1.2统计了风机主要部件和子系统造成停机故障的年平均发生次数[15]。由此可见，风机的故障种类繁多，严重威胁着正常的能源转换。总体来说，风机的故障主要包括转子和叶片故障、齿轮箱故障、轴承故障、电气电子设备故障、传感器故障、控制系统故障等几个主要的类别[16]。

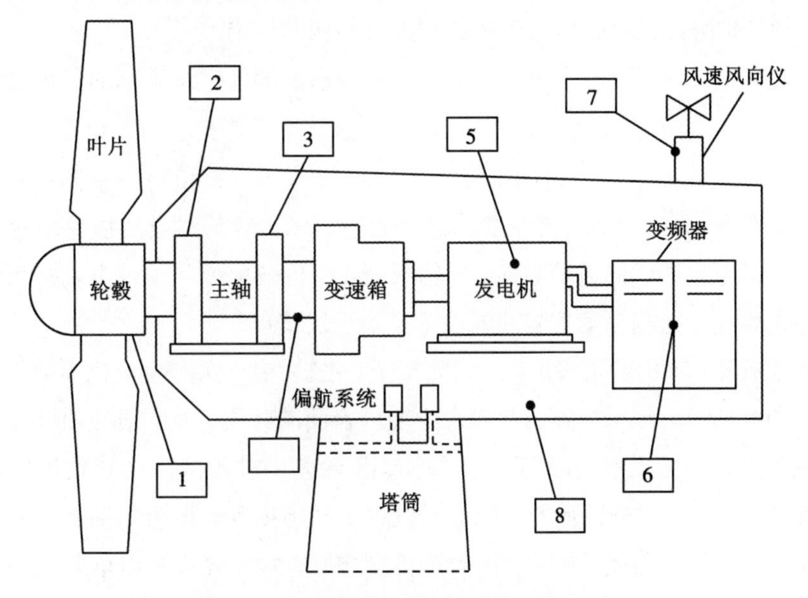

图 1.1 风机主要部件及传感器位置示意图

1~8 为风机主要部件编号

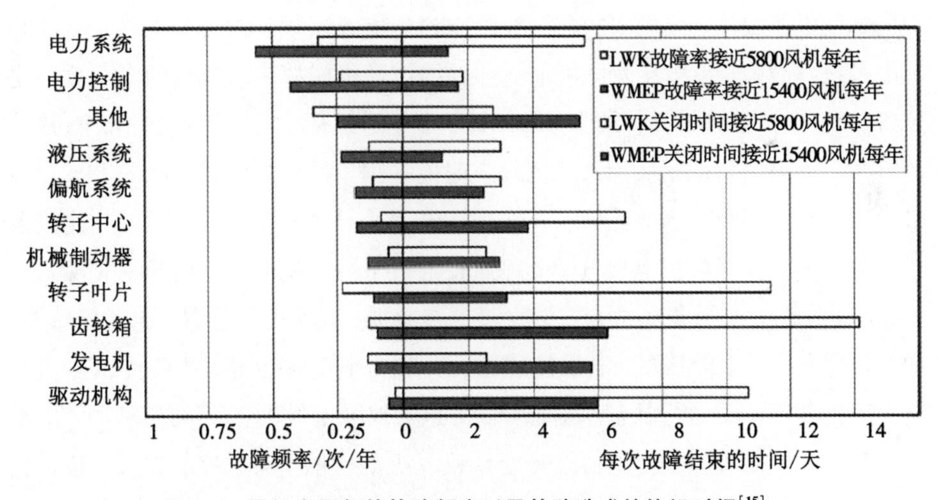

图 1.2 风机主要部件故障频率以及故障造成的停机时间[15]

转子和叶片故障：转子和叶片是风机发电的主要部件。风机的转子和叶片故障主要包括转子不对称、转子刚度下降、转子裂纹、叶片表面损伤、叶片变形等几类[17]。转子不对称故障主要由叶片偏角不当或叶片不平衡所引发；刚度下降和裂纹等故障多数是因为转子部件老化而造成的，老化的部件使材料的强度变弱，最终导致表面的裂纹和内部的结构损伤；叶片表面损伤和变形等故障通常是由叶片表面的材料的弱化所引发。转子和叶片故障可以通过分析振动信号、超声信号以及电子信号多种数据进行检测和界定。

齿轮箱故障：齿轮箱是风机发生故障率较高的部件[18]。据统计，齿轮箱故障造成了20%的风机意外停机[19]。齿轮和轴承是齿轮箱的两个重要组件，大部分的齿轮箱故障来源于这两部分。齿轮箱故障通常是由材料缺陷、加工不当、安装不当、转矩过载、齿轮磨损等原因造成的。较为常见的齿轮箱故障包括由于润滑不良造成的齿轮磨损、齿轮断裂、齿轮破损等几个种类。检测齿轮箱故障主要通过监测振动信号和温度信号等手段实现。

轴承故障：风机的很多组件，诸如转子、主轴、齿轮箱、发电机中都装配了不同类别的轴承。轴承故障通常表现为轴承表面的磨损，而磨损的轴承会引发其所在风机组件更严重的故障[16]。例如，齿轮箱的轴承故障会导致齿轮箱等其他部件的损坏，主轴轴承的故障会导致主轴的磨损等。严重的轴承故障会引发灾难性的后果。因此，在轴承的故障检测中，通常需要检测出早期的轴承故障，以避免故障的恶化所引发的严重后果。检测轴承故障的方法通常有振动信号分析法、声波信号分析法以及电子信号分析法等几种。

电气电子故障：风机中的电气故障既包括绝缘层损坏故障、电路开路故障等电子设备故障，也包括发电机电气部件损坏等机械故障。风机的电子故障是风机系统中常见的故障。据统计，风机的电子故障占据了风机总故障数的25%[20]，而由风机电子故障造成的停机时间占据了风机总停机时间的14%。风机的电子故障包括电容故障、PCB故障、电力半导体故障、焊接故障、连接器故障等多种。检测风机电气电子故障主要通过分析风机的电气信号来实现。

传感器故障：风机通常会安装大量的传感器，如温度传感器、速度传感器、加速传感器、扭矩传感器、油质传感器、发电功率传感器等，这些传感器实时反馈风机各部位的运行状态。据统计，传感器故障占风机总故障的14%[19]，是一类常见的风机故障。传感器故障会导致风机的性能下降、控制失灵，甚至会导致意外停机。用于检测风机传感器的故障的方法有很多，其中常见的方法有时间序列分析法和基于模型的分析方法等。

控制系统故障：风机的控制系统主要承担着控制风机的变桨、偏航、刹车、发电转换等重要任务，在风机的运行中起着至关重要的作用。控制系统的故障可分为硬件故障和软件故障：硬件故障包括控制器故障、执行器故障和通信故障等；软件故障包括软件设置故障和软件系统故障等。检测控制系统的硬件故障可以通过分析硬件系统的输入输出信号来排查；而检测控制系统的软件故障可以通过人为例检的方式进行。

用于检测风机故障的数据种类很多[18]，其中主要的检测数据类型包括：监测控制和数据采集(supervisory control and data acquisition，SCADA)数据[21]、振动数据[22]、张力数据[23]、声波数据[24]、电力数据[24]、润滑剂数据[25]等。基于这些数据，研究者们提出了很多有效的风机故障检测方法。然而，使用这些数据所花费的成本是不同的。

使用数据的成本取决于数据的获取方式以及使用这些数据是否需要额外的开销。在各类故障检测数据中，一些数据的使用成本较高，使用这些数据需要加装额外的传感器和采集设备。例如：获取振动数据需要在风机上加装额外的高频振动传感器；获取声波数据需要在风机指定的部位加装声波探测器等。购买和安装这些额外的传感器会增加风机的运维成本。相比之下，一些数据的使用成本则相对较低，例如 SCADA 数据。在风机的生产过程中，一般风机出厂时都会自带 SCADA 系统，SCADA 系统可以实时采集上百种风机各种类型的数据，表 1.1 列举了图 1.1 中风机主要部件的一些 SCADA 数据。对于风机的故障检测来说，使用 SCADA 数据的成本较低，既不需要加装额外的传感器，也不需要额外的安装和维护成本。

表 1.1　某风机 SCADA 数据变量示例

序号	位置	SCADA 变量	单位	序号	位置	SCADA 变量	单位
1	1	轮毂转速	r/min	15	5	发电机定子温度 1	℃
2	1	轮毂角度	(°)	16	5	发电机定子温度 2	℃
3	1	桨叶 1 偏角	(°)	17	5	发电机定子温度 3	℃
4	1	桨叶 2 偏角	(°)	18	5	发电机定子温度 4	℃
5	1	桨叶 3 偏角	(°)	19	5	发电机定子温度 5	℃
6	1	超速传感器值	r/min	20	5	发电机定子温度 6	℃
7	7	风向偏角	(°)	21	5	发电机舱内温度 1	℃
8	4	*X* 轴振动幅度	mm	22	5	发电机舱内温度 2	℃
9	4	*Y* 轴振动幅度	mm	23	2	主齿轮温度 1	℃
10	7	风速	m/s	24	3	主齿轮温度 2	℃
11	7	风向	(°)	25	8	机舱温度	℃
12	6	电网侧输出功率	kW	26	6	发电机 INU 温度	℃
13	5	发电机侧输出功率	kW	27	6	发电机 ISU 温度	℃
14	5	发电机扭矩	N·m	28	6	发电机 RMIO 温度	℃

因此，使用SCADA数据进行风机故障检测愈加受到学术界的关注，研究者们提出了很多有效的基于SCADA数据的风机故障检测方法[26]。例如，基于SCADA数据，Chen B等提出了一种基于先验知识的自适应神经模糊推理系统来分析风机状态，实现了对风机严重变桨故障的自动检测[27]；同样基于SCADA数据，Jin X等提出了一种集成方法来检测风机的故障，此方法从正常的风机收集历史数据并建模，使用Mahalanobis空间作为参考，通过预测和比较来检测风机的故障[28]。风机的SCADA数据可以采集多种类的实时数据，因此可以检测的故障类型也相对较多。SCADA系统随着风机的启动全天候运行，在采集故障数据时，依据故障发生的起始时间和终止时间，在SCADA系统中提取对应的数据。本书研究的小样本条件下的风机故障检测方法全部基于SCADA数据，对于SCADA数据相对完整的风机，在不加装任何额外传感器的情况下，本书所提出的方法都可以正常使用。

1.3 风机故障检测研究现状

风机故障检测方法主要可以分为[29]：基于信号的检测方法[30]、基于模型的检测方法[31]、基于数据驱动及人工智能的检测方法[32]等。

基于信号的风机故障检测方法主要以信号变换和信号分析为主，通过分析风机的振动信号、声波信号等时域、频域和时频域的特征检测风机的故障。使用不同种类的信号，研究者们提出了很多有效的故障检测方法：基于双馈感应发电机电流信号，Cheng F等提出了一种使用包络分析法的非平稳工况下的风机齿轮箱故障检测方法[33]；同样基于风机的电流信号，Watson S J等人提出了一种基于小波变换的风机齿轮箱故障检测方法[34]；基于振动信号，Antoniadou I等提出了一种使用时频域分析法的风机齿轮箱不同负载条件下的状态监测方法[35]。

基于模型的风机故障检测方法主要根据风机的机理，通过建立精确的机械模型来检测风机的故障：基于物理模型，Gray C S等提出了一种故障检测方法，此方法使用标准风机性能参数和物理故障模型进行连续在线的损伤累积计算[36]；基于机理模型，Zaher A等基于风机的随机结构性响应振动数据建立了风机健康状态监测模型[37]；为了检测风机的轴承故障，Gong X等模拟了轴承对永磁同步发电机定子电流的调制效应，并提出了一种基于电流频率和幅度解调算法的风机轴承故障检测方法[38]；基于键合图理论构建的风机模型，Mojallal A 等针对双馈感应发电机的风机，开发了一种基于多物理图形模型的风机故障检测与隔离方法[39]。

基于数据驱动和人工智能的风机故障检测方法主要以数据为主体，通过数据建立机器学习等数据驱动模型检测风机故障。基于数据驱动和人工智能的风机故障检测方法主要包括浅度学习（shallow learning）方法、深度学习（deep learning）方法和其他人工智能方法等几种：

基于浅度学习的风机故障检测方法主要包括人工神经网络（artificial neural networks，ANN）方法、支持向量机（support vector machines，SVM）方法、决策树（decision tree，DT）方法、随机森林（random forest，RF）方法，以及这些方法结合的综合方法等。其中最常见的方法是人工神经网络方法，这种方法应用范围广，可以检测许多种类的风机故障。基于人工神经网络的方法通常采用“行为预测”和“模式分类”两个主要的策略检测风机故障[40]：在行为预测方面，通常使用人工神经网络模型预测风机或其子系统输入输出数据之间的关系，在故障检测阶段，使用训练好的人工神经网络模型预测输入数据对应的输出数据，并通过比较预测数据与真实数据之间的偏离程度来判断风机或其子系统是否存在故障。在模式分类方面，通常训练人工神经网络模型识别不同种类的风机数据，通过学习正常数据和故障数据的不同模式来提高人工神经网络对故障数据的识别能力，在故障检测阶段，通过识别输入数据的模式判断风机是否存在故障。在文献[41]中，王增平等提出一种基于特征影响因子和改进人工神经网络反向传播算法的直驱风机建模方法。在文献[42]中，林涛等针对故障数据稀疏而导致的模型建立困难的问题，提出一种使用改进人工蜂群算法优化 Elman 神经网络的故障诊断模型。在文献[43]中，林涛等针对齿轮箱故障，提出了一种基于改进粒子群算法的反向传播神经网络，预测齿轮箱轴承的温度。在文献[44]中，Ju L 等建立了一种三层反向传播网络故障预测模型来分析风机组的主要故障因素，并成功检测了风机的三种故障。在文献[45]中，Bangalore P 等提出了一种基于人工神经网络的方法，对风机的 SCADA 数据进行状态监测。在文献[46]中，Hou G 等提出了一种神经网络模式识别算法，并将其应用于风机控制系统的故障检测，同时提出了两种改进的人工神经网络算法提高了神经网络的收敛速度。在文献[47]中，基于人工神经网络，Schlechtingen M 等对比了多种数据挖掘方法来监测风机的功率。与人工神经网络的检测方法类似，基于支持向量机的检测方法也是一类常见的风机故障检测方法，此类方法也通过行为预测和模式分类两种方式来检测风机故障。在文献[48]中，王宇鹏等利用支持向量机建立了风机叶片故障和特征参数之间的非线性关系，并采用动态柯西蜂群算法对支持向量机的参数进行优化。在文献[49]中，Zeng J 等提出了一种结合支持向量机和数据残差的方法检测风机故障，此方法将故障类型的二进制代码作为输出，大大地减少了所需支持向量机的数量。在文献[50]中，Tang B 等提出了一种基于具有非线性降维能力的流形学习和香农小波支持向量机的风机故障检测方法。在文献[51]中，Wang L 等提出了一种数据驱动的框架，该框架基于支持向量机，可根据无人飞行器拍摄的图像自动检测风机叶片表面的裂纹。在文献[52]中，Gangsar P 等提出了一种基于多类支持向量机算法，使用风机的振动信号和电流信号监测感应电动机，从而有效地预测风机故障。

除此之外，其他浅度学习的方法也从不同的角度进行风机的故障检测，取得了良好的检测效果。在文献[53]中，陈维刚等针对风机 SCADA 数据繁杂、难以从原始数据判别风机叶片开裂状态的问题，提出了一种对风机叶片状态进行分类预测的随机森林算法，并与 LightGBM 算法相结合检测故障。在文献[54]中，王栋璀等针对最近邻检测方法对离群噪声不敏感和诊断精度较低的缺点，提出了基于小波包和改进核最近邻算法的风机齿轮箱故障检测方法。在文献[55]中，Guo P 等提出了一种基于非线性状态估计的风机状态监测方法，该方法构建发电机温度的正常行为模型，当模型估计值与实际值之间的残差变大时，表明发电机出现故障。在文献[56]中，Liu Y 等基于风机 SCADA 数据采用极限梯度提升算法，建立了风机部件的正常温度回归预测模型，通过指数加权移动平均控制图监控温度残差，从而确定风机的故障。在文献[57]中，Wei L 等提出了一种基准行为建模方法，使用 SCADA 数据来预测风机的电力变桨系统故障，该方法的计算复杂度小，可以用于在线实时监测。在文献[58]中，Zhang D 等提出了一种随机森林与极端地图增强相结合的风机故障检测方法，将随机森林模型用于特征的排序，用极端梯度增强模型进行数据的分类和故障的检测。

基于深度学习的风机故障检测方法近年来得到了广泛的研究。随着深度学习的快速发展，研究者们不断地研发出基于深度学习的风机故障检测方法，这些方法主要包括基于深度卷积神经网络（convolutional neural network，CNN）的检测方法、基于深度自编码器（deep autoencoder，DAE）的检测方法、基于深度置信网络(deep belief networks, DBN)的检测方法、基于长短期记忆网络(long short-term memory, LSTM)的检测方法、基于图神经网络(graph convolutional network, GCN)的检测方法等。基于深度卷积神经网络的风机故障检测方法较为常见:在文献[59]中,Jiang G 等基于卷积神经网络提出了一种故障检测方法,该方法直接从原始振动信号中自动学习有效的故障特征,可以有效识别风机齿轮箱的健康状况。在文献[60]中,李东东等设计了一种一维卷积神经网络的结构,并和 Soft-Max 分类器相结合,构建了一种双层智能诊断架构。在文献[61]中,Samira Z 等提出了一种采用多通道卷积神经网络的风机故障检测方法,该方法在 5MW 风机基准模型中进行了验证。在文献[62]中,Zhang J 等提出了一种基于深度卷积神经网络的风机复合故障检测方法,该方法结合了快速谱峰度技术和多分支卷积神经网络结构。在文献[63]中,Xu Z 等将卷积神经网络与变分模式分解算法集成在一起,开发了一种新的深度学习故障检测方法,以端对端的方式直接处理原始信号,实现了风机滚动轴承的故障检测。基于深度自编码网络的风机故障检测方法也是一类常用的方法:在文献[64]中,赵洪山等为实现风电机组发电机部件的故障诊断,通过分析风机 SCADA 数据,设计了一种基于深度自编码器网络和 XGBoost 算法的故障检测方法。在文献[65]中,Jiang G 等提出了一种基于无监督学习的故障检测方法,该方法使用了降噪自编码器,可以从噪声影响和数据波动中学习到数据的非线性表示。在文献[66]中,Lu C 等提出了一种基于堆叠降噪自动编码器的深度学习故障检测方法,此方法可以在具有环境噪声的条件下识别风机的健康状态。在文献[67]中,Wu X 等提出了一种多级降噪自动编码器,以更好地重建原始风机信号,并在此编码器的基础上开发了多元数据驱动的风机故障检测框架。在文献[68]中,Zhao H 等提出了一种基于深度自动编码器网络的深度学习方法,该方法使用风机组的 SCADA 数据检测风机的异常和故障。与此同时,基于长短期记忆网络的故障检测方法也越来越多地被研发出来:在文献[69]中,曹渝昆等提出一种基于深度学习的风机故障预测方法,此方法基于风机的 SCADA 数据,在随机森林算法的数据特征筛选基础上,采用长短期记忆网络对齿轮故障进行预测。在文献[70]中,Li M 等提出了一种基于数据驱动的风机故障诊断与隔离方法,该方法使用了长短期记忆网络监测风机的发电机,并采用了随机森林算法进行故障诊断的决策。在文献[71]中,Chen H 等基于风机的 SCADA 数据,提出了一种基于长短期记忆网络和自动编码器神经网络相结合的风机状态评估方法。在文献

[72]中，Xiang L 等提出了一种基于深度网络的风机故障检测方法，该方法使用风机的 SCADA 数据，并基于注意力机制将卷积神经网络和长短期记忆网络进行级联来检测风机的故障。基于深度置信网络的检测方法也可以有效地检测风机的故障：在文献[73]中，李梦诗等提出一种基于深度置信网络的风机故障诊断方法，解决了实际应用中网络容易受到噪声干扰的问题。在文献[74]中，夏候凯顺等针对双馈风机常见的变换器开路故障，提出一种基于深度置信网络的故障诊断方法。除此之外，基于深度学习的图像处理方法、混合网络方法、图神经网络方法、自学习方法等其他种类的深度学习风机故障检测方法也越来越多地被研发出来：在文献[75]中，Long H 等提出了一种基于风功率曲线的图像处理方法，实现了风机异常数据检测与故障的排除。在文献[76]中，Magda R 等提出了一种用于检测变速风机执行器和传感器故障的方法，将风机的时域信号表示为二维矩阵，从而使用图像识别的方式检测风机的故障。在文献[77]中，Vives J 等使用自学习技术对风机进行监测和故障诊断，可以在早期发现风机组件的老化，也可以发现和诊断风机的突发性故障。在文献[78]中，Yu X 等针对风机振动信号数据之间跨度较大的特点，提出了一种基于快速深度图卷积网络的方法来诊断风机的齿轮箱故障。在文献[79]中，Wang J 等针对风机数据的存储和传输等问题，提出了一种新型稀疏表示方法，该方法使用时变余弦包字典的表示方式检测风机的轴承故障。在文献[80]中，Zhang K 等提出了一种基于自适应损失加权元残差网络的风机故障检测方法，该方法使用加权网络和从 ResNet 克隆而来的元网络建立加权函数映射，从数据中自适应学习权重。在文献[81]中，Kong Y 等提出了一种基于对抗字典学习的稀疏表示分类框架来识别风机的轴承故障，此框架可以学习到稀疏信号的重建性和对抗性字典。在文献[82]中，Pu Z 等提出了一种基于深度增强融合网络的风机齿轮箱故障检测方法，此网络利用三个稀疏自动编码器分别提取三轴振动信号的深层特征，并通过特征映射后融合的三轴特征，放入回波状态网络中进行故障分类。在文献[83]中，为了解决类间样本不平衡的问题，Chen L 等提出了一种基于深度神经网络的智能风机故障诊断方法，该方法通过学习深度表征来解决样本的不平衡问题。在文献[84]中，Wang L 等使用了 SCADA 系统中的润滑油压力数据，开发了基于深度神经网络的故障检测框架，监控风机变速箱的状况并判断变速箱的潜在故障。在文献[85]中，Wen X 等提出了一种基于 ReliefF 策略、主成分分析和深度神经网络相结合的混合型风机故障检测方法。

在其他种类的人工智能故障检测方法中，较为常见的是基于知识的检测方法。这类方法结合风机故障的机理，形成故障检测的知识模型，从而使用知识模型检测风机的故障。其中，基于模糊推理的故障检测方法应用较广，此类方法首先根据故障机理、先验知识和专家经验，建立风机故障的检测规则，然后根据规则建立对应的模糊逻辑系统，从而将输入数据模糊化，并通过模糊推理得到相关结论，最终检测风机的故障。在文献[86]中，Sun C 等利用弱关联规则建立了模糊逻辑系统，预测输电网络中能源安全弱点的时空分布，分析何时何地可能出现故障。在文献[87]中，Sun P 等提出了一种通用的基于模糊综合评价的风机异常检测方法，此方法应用实时、历史和同类风机三种数据综合建立了检测模型。在文献[88]中，Hu R 等提出了一种基于知识的风机故障检测方法，该方法利用现有的传感器数据，对专家知识进行编码并创建“虚拟传感器”，此方法应用了统计方法，减少了人工配置时间，提高了方法的自适应性。在文献[89]中，Schlechtingen M 等提出了一种基于自适应神经模糊干扰系统方法检测风机状态，该方法使用了自适应神经模糊推理系统作为预测模型，使用模糊逻辑系统分析数据的偏差判定风机的故障。在文献[90]中，Simani S 等提出了一种基于模糊模型的故障识别方法，该方法使用 Takagi-Sugeno 模糊模型检测和隔离风机的故障。在文献[91]中，Merabet H 等提出了一种采用模糊逻辑技术对双馈感应发电机定子绕组匝间和定子开相之间短路故障进行监控的策略，除了以规则和隶属函数表示的知识外，还基于当前幅度的均方根值来检测定子的状态。在文献[92]中，Li H 等提出了一种改进的综合模糊模型，该模型利用劣化度、动态极限值和可变权重评估并网风机的实时状态。在文献[93]中，Chen B 等提出了一种基于先验知识的自适应神经模糊推理系统预测风机故障，此方法利用先验知识，使系统具有解释先前未见情况的能力，从而提高了风机故障检测的效果。

虽然很多数据驱动和人工智能的方法都取得了良好的故障检测效果，但是在训练基于数据驱动和人工智能方法的故障检测模型时，往往需要足够多的故障数据样本，而在实际的风机故障检测中，故障样本的数量往往很少，不能满足模型训练的要求。

1.4 本书内容及章节安排

本书主要研究小样本条件下的风机故障检测，各章节的内容概述如下：

① 第1章阐述了风机故障检测的背景和研究意义，概述了风力发电在可再生能源中的重要性，以及风机故障可能引发的严重后果，说明了风机故障检测的必要性和重要性；介绍了风机的基本结构和数据特征，阐述了风机故障的种类以及用于风机故障检测的各类数据；总结归纳了国内外学者在风机故障检测领域的研究进展和现状，阐述了训练风机故障检测模型中的小样本问题。

② 第2章从生成故障样本的角度研究了风机故障检测中的小样本问题，提出了一种基于生成对抗网络的风机故障样本生成方法，从而生成充足的故障样本，用于训练故障检测模型。首先，依据先验知识和专家经验，并结合风机数据之间的相关性，提出了一种粗略风机故障样本的生成策略；然后，提出了一种基于生成对抗网络的粗略故障样本精化方法，将粗略的故障样本精化为逼真的故障样本；最后，使用生成的充足故障样本对故障检测模型进行训练，进而从故障样本生成的角度实现了小样本条件下的风机故障检测。

③ 第3章从数据特征映射的角度研究了风机故障检测的小样本问题，提出了一种基于难样本挖掘和特征映射的故障检测方法。首先，依据风机故障演变的数据特征，提出了一种风机故障数据难样本的挖掘方法，挖掘出适合于训练特征映射模型的难样本；其次，根据风机数据的特征，提出了一种训练样本的优化方法，使训练样本从时间维度和变量维度均具有连续性；然后，提出了一种基于三元组的特征映射模型，将输入数据映射到特征空间中进行故障检测，从特征映射的角度实现了小样本条件下的风机故障检测。

④ 第4章从不确定性推理的角度研究了风机故障检测的小样本问题，提出了一种基于非单值输入和扩展术语及检测规则的模糊推理风机故障检测方法。首先，提出了一种将多变风机数据转化为非单值模糊数的构建方法，将输入数据预测偏差的概率密度转化为模糊逻辑系统的非单值模糊数；然后，提出了一种模糊逻辑系统术语和故障检测规则的扩展方法，实现精细化的模糊推理；最后，依据上述的内容构建出了风机故障检测的非单值模糊逻辑系统，进而从不确定性推理的角度实现了小样本条件下的风机故障检测。

⑤ 第5章从多变因素推理的角度研究了风机故障检测的小样本问题，提出

了一种基于多维隶属函数和集成隶属度的风机小样本故障检测方法。首先，依据风机所处的多变环境，提出了一种针对环境因素建模的多维隶属函数构建方法，实现了多变因素的模糊建模；然后，依据动态条件下风机数据的不同状况，提出了一种数据分段加权和隶属度集成的方法，使多变环境下的数据处理更加准确；最后，依据上述的内容构建了用于风机故障检测的多维隶属函数模糊逻辑系统，进而从多变因素推理的角度实现了小样本条件下的风机故障检测。

⑥ 第6章从模型可解释的角度研究了风机故障检测模型的可靠性问题，提出了一种基于数据驱动的黑盒模型解释方法，用于解释小样本条件下风机故障检测的黑盒模型。首先，提出了一种基于数据驱动的模糊逻辑系统反向构建方法，使用从目标黑盒模型中提取出的数据分别构建模糊逻辑系统的前件、后件和规则，使构建出的系统与目标黑盒模型足够接近；然后，针对构建出的模糊逻辑系统提出了三种优化方法，极大地降低了系统的复杂度；同时，提出了一种多层级的知识提取方法，从构建出的模糊逻辑系统中提取多层级的知识，从而完成对目标黑盒模型的解释，提高故障检测的可靠性。

⑦ 第7章总结了本书的内容，同时依据学术研究和实际应用的发展趋势，对风机故障检测领域的未来发展方向进行了展望。

第2章 基于生成方法的小样本风机故障检测

在风机的故障检测中，数量有限的故障样本限制了很多数据驱动方法的应用。由于故障样本数量少，一些由数据驱动方法训练出的检测模型往往会陷入过拟合，严重限制了模型的泛化能力，造成检测效果的明显下降。因此在数量有限的故障样本条件下，训练出有效的故障检测模型是十分重要的。

解决故障样本数量少这一问题的直接思路是依据故障的特征并通过某种机制生成充足的故障样本。但是传统的通过加噪声等手段生成的故障样本质量差，不能达到样本多样化的要求。针对这个问题，本章提出了一种基于生成对抗网络的风机故障样本生成方法。使用该方法可以生成大量多样化的、接近真实故障的样本，这些生成的故障样本可以充分地用于风机故障检测模型的训练，进而从生成故障样本的角度，实现小样本条件下风机的故障检测。

2.1 本章概述

随着风机故障检测方法的不断发展，越来越多基于数据驱动的方法被用于检测风机的故障，尤其是基于人工智能的方法近年来发展迅速。然而，对于大部分基于数据驱动和人工智能的方法来说，其面临的一个主要的问题是故障样本的数量少而导致的检测模型难以训练[40]。以风机的偏航系统故障为例，平均每年每个风机发生此类故障的次数仅为0.25次，可见在风机的故障检测中，能够收集到的故障样本数量是非常有限的。此外，风机的数据会随着环境的变化而变化，这会导致收集到的故障数据很难覆盖各种不同的情况。因此，使用数量有限的故障样本难以训练出效果良好的风机故障检测模型。

为了获取足够多的故障样本，通常可以通过两种方式来扩展故障样本的数量：一种是使用模拟软件模拟出的风机故障数据；另一种是通过增加噪声等手段在已有的故障数据上扩展新的故障数据。然而，使用这两种方式扩展故障数据依然不足以解决小样本的问题：模拟软件模拟出的故障数据与实际的数据相差较大，而通过加噪等方法得到的故障数据缺乏故障的多样性。因此，一个既可以生成逼真的故障数据，又能够保证生成的故障数据具有多样性特点的故障数据生成方法，对小样本条件下的风机故障检测是十分必要的。

为了解决这个问题，本章提出了一种基于生成对抗网络(generative adversarial nets，GANs)的故障样本生成方法，生成与真实故障十分相似的、多样化的故障样本数据。GANs 是 Goodfellow I 等在 2014 年提出来的一种生成模型训练方法[94]，通过零和游戏的对抗模式训练出能够生成多样化逼真数据的生成模型。从 GANs 问世起，由于其出色的性能，已被成功地应用在许多领域：在雷达探测领域，Guo J 等提出了一种基于 GANs 的端到端模型，此模型可以生成逼真的雷达图像[95]；在语音合成领域，Saito Y 等提出了一种基于 GANs 的统计参数语音合成方法，生成了逼真的语音信息[96]；在水下检测领域，Li J 等基于 GANs 提出了一种从空气图像到水下图像的转换方法，得到了逼真的水下图像[97]。

本章基于 GANs 构建了风机故障样本的生成方法。首先，根据先验知识和风机数据的相关性，构建了一种粗略故障样本的生成方法；其次，基于条件生成式对抗网络(conditional GANs)提出了一种粗略故障样本精化的方法，将粗略的故障样本精化成逼真的故障样本；然后，使用充足生成的故障样本来训练基于数据驱动的风机故障检测模型，从而解决了风机故障检测中故障样本不足的问题；最后，开展四组实验评估了本章所提出的方法，实验结果表明，本章的方法能够有效地检测小样本条件下的风机故障。

2.2　基于生成方法的检测架构

本章方法的主要思路是：设计一种风机故障样本的生成机制，生成足够多的故障样本来训练出有效的风机故障检测模型。图 2.1 为本章方法的主体架构。本章方法可以分为以下三个部分。

第一部分：生成粗略的故障数据。

为了生成合格的故障数据，本部分先构建粗略的故障数据。构建流程如图 2.1 中“第一部分”的数字标识所示。首先，依据风机故障的先验知识和专家经验，提取故障的数据特征规则；其次，将风机的 SCADA 数据进行平滑处理，并找出平滑后的SCADA数据中与故障相关的数据变量，依据故障的数据特征规则调整这些与故障相关的数据变量，使调整后的数据具有故障的特征；然后，分别从线性和非线性角度分析SCADA数据中各变量间的相关性；最后，依据得到的相关性，删除与调整数据变量相关性高的其他数据变量，得到粗略的故障数据。

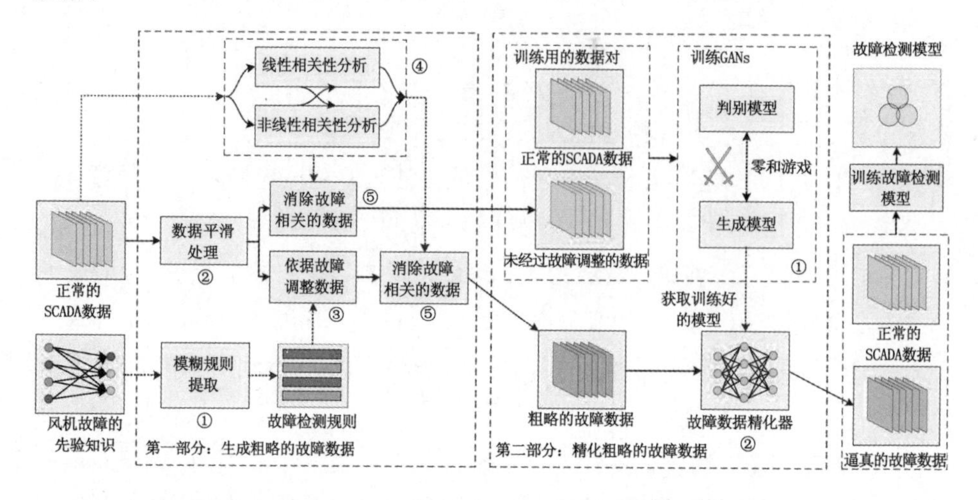

图2.1 基于生成对抗网络的小样本故障检测方法结构图

第二部分：精化粗略的故障数据。

为了得到逼真的故障数据，本部分提出了一种基于生成对抗网络的粗略样本精化方法，将粗略的故障样本精化成逼真的故障样本。首先，依据生成对抗网络，设计了粗略故障样本的精化模型；使用第一部分未经过故障调整的数据（只进行了数据平滑处理和相关性消除处理的数据）训练精化模型，使精化模型可以有效地还原出第一部分被删除掉的数据；模型训练完毕后，将第一部分得到的粗略故障数据（进行了数据平滑处理、故障调整处理和相关性消除处理的数据）输入精化模型中，得到精化后逼真的故障样本数据。

第三部分：检测风机故障。

经过前两部分的处理，可以得到大量逼真的故障样本，进而从样本生成角度解决了因故障样本数量不足而导致的模型难以训练的问题。本部分使用这些生成的故障样本数据，对基于数据驱动和人工智能的风机故障检测模型进行训练，检测小样本条件下的风机故障。本章使用了正常的数据构造粗略的故障数据，再由粗略的故障数据精化成逼真的故障数据，因此本章方法生成的故障数据是具有多样性的（所用的正常样本是多样性的，可以使用多样的正常数据构建出多样的故障数据)，满足了风机故障检测模型对训练样本多样性的要求。

2.3 基于生成方法的故障检测

2.3.1 构建粗略的故障样本数据

为了构建逼真的故障样本数据，本节首先构造粗略的故障样本数据。粗略的故障样本数据可以反映故障数据的基本特征。在本节，粗略的故障样本数据通过“基于先验知识的故障数据调整”和“相关性数据消除”两个步骤构建。

2.3.1.1　基于先验知识的故障数据调整

本节依据风机故障的先验知识对正常的风机 SCADA 数据进行调整，使调整后的数据具有故障的特征。

风机的 SCADA 数据包含了数十种数据变量。得到原始的 SCADA 数据后，首先对各个数据变量进行平滑处理，消除掉原始数据中的细微噪声，使平滑后的数据可以清晰地显示各个数据变量的变动趋势。然后，使用风机故障的先验知识，调整与故障相关的数据变量。在很多风机故障检测的方法中，先验知识通常用于建立专家系统来检测风机的异常状况[98]。先验知识可以告知当某个故障发生时，与这个故障相关的 SCADA 数据变量是如何变化的。本章方法使用先验知识指导风机粗略故障样本的生成。由此，某类风机故障的数据规则可以定义为：

$$R = \{(R_{\text{in}}^1, R_{\text{in}}^2, \cdots, R_{\text{in}}^n) \rightarrow R_{\text{out}}\} \tag{2.1}$$

其中，R 表示某个具体故障的数据规则(例如变桨故障的数据规则)；R_{in}^i 表示规则 R 中第 i 个 SCADA 数据变量的数值与正常数据的偏差情况；R_{out} 表示该故障的严重程度。根据先验知识，将数据偏差 $R_{\text{in}}^i(1 \leqslant i \leqslant n)$ 定义成五个级别，分别为：“非常低”、“低”、“正常”、“高” 和 “非常高”。

$$R_{\text{in}}^i(\eta) = \begin{cases} I_{\text{vl}} & -\infty < \text{dev}(x_{\text{n}}, x_{\text{r}}) \leqslant \eta_{\text{vl}} \\ I_{\text{l}} & \eta_{\text{vl}} < \text{dev}(x_{\text{n}}, x_{\text{r}}) \leqslant \eta_{\text{l}} \\ I_{\text{n}} & \eta_{\text{l}} < \text{dev}(x_{\text{n}}, x_{\text{r}}) \leqslant \eta_{\text{h}} \\ I_{\text{h}} & \eta_{\text{h}} < \text{dev}(x_{\text{n}}, x_{\text{r}}) \leqslant \eta_{\text{vh}} \\ I_{\text{vh}} & \eta_{\text{vh}} < \text{dev}(x_{\text{n}}, x_{\text{r}}) < \infty \end{cases} \tag{2.2}$$

其中，η_{vl}，η_{l}，η_{h}，η_{vh} 表示区分不同偏差级别的阈值，由先验知识确定；$\mathrm{dev}(x_n, x_r)$ 表示故障数据 x_r 与正常数据 x_n 之间的偏差：

$$\mathrm{dev}(x_n(t), x_r(t)) = \frac{\sum_{t=-m}^{m} x_n(t) - \sum_{t=-m}^{m} x_r(t)}{\sum_{t=-m}^{m} x_n(t)} \tag{2.3}$$

其中，m 表示数据 x_n 的邻域边界。本方法中，将故障的严重程度 R_{out} 定义为三个级别，分别是："正常"、"警告" 和 "故障"。

$$R_{out} = \{O_{gn}, O_{yl}, O_{rd}\} \tag{2.4}$$

可以看出，基于先验知识的规则依据数据的偏差，定义了风机故障的类型和故障的严重程度。如果故障规则满足充要条件，那么可以反向执行规则：根据某个类型的故障及其严重程度，定义和规范此类故障的数据状况，从而指导故障数据的构建，此时的规则可以表示为：

$$R = \{R_{out} \to (R_{in}^1, R_{in}^2, \cdots, R_{in}^n)\} \tag{2.5}$$

因此，规则 R 可以作为依据，将正常的风机数据调整为粗略的故障数据，即将正常 SCADA 数据中与故障相关的数据变量做如下的调整：

$$d_{yl}^k(t) = d^k(t) \otimes R(O_{yl}) = d^k(t) + \delta_k \times \frac{\sum_{t=-m}^{m} d^k(t)}{2m+1} \tag{2.6}$$

$$d_{rd}^k(t) = d^k(t) \otimes R(O_{rd}) = d^k(t) + \gamma_k \times \frac{\sum_{t=-m}^{m} d^k(t)}{2m+1} \tag{2.7}$$

其中，$d^k(t)$ 表示风机正常 SCADA 数据的第 k 个数据变量；$d_{yl}^k(t)$ 和 $d_{rd}^k(t)$ 分别表示依据规则调整后的 "报警" 数据和 "故障" 数据；δ_k 和 γ_k 分别表示 "报警" 数据和 "故障" 数据的调整率。本节提出的故障样本调整机制的优势在于调整率是可以变化的。调整率 δ_k 和 γ_k 可以根据实际的需要设置成介于阈值上下边界范围之间的任意数值，可变的调整率会促使生成多样化的故障数据，从而增强了生成样本的多样性。

最后，根据故障数据规则 R，通过调整正常的 SCADA 数据 D_n，得到了粗略的故障数据 D_f：

$$D_f = D_n \otimes R \tag{2.8}$$

2.3.1.2　相关性数据消除

目前得到的粗略故障数据只对与故障相关的 SCADA 数据变量进行了调整。然而，在所有的 SCADA 数据变量中，存在许多与调整的数据变量高度相关的数据变量。如果这些相关的数据变量未经调整，那么得到的故障数据就会存在问题。因此，本节针对这些与故障数据变量相关的数据变量进行定位和删除处理。

为了明确 SCADA 数据中各个数据变量之间的相关性，本章使用了皮尔森相关系数（Person correlation coefficient，PCC）和最大互信息相关系数（maximal information coefficient，MIC）[99] 分别对各个 SCADA 数据变量进行相关性分析。PCC 能够有效地分析不同数据变量之间的线性相关性；而 MIC 可以有效地分析不同数据变量之间的非线性相关性。PCC 和 MIC 可以互相弥补各自的不足。综合地使用这两种相关性分析，可以更好地明晰 SCADA 数据中各数据变量间的相关性。

首先，使用 PCC 来分析数据变量之间的线性相关性，计算公式如下：

$$PCC(x, y)=\frac{E(xy)-E(x)E(y)}{\sqrt{E(x^2)-E^2(x)}\sqrt{E(y^2)-E^2(y)}} \tag{2.9}$$

其中，x 和 y 表示 SCADA 数据中的两个数据变量。

计算出各个数据变量间的 PCC 相关性之后，下一步需要消除掉与故障数据变量相关的数据变量，其过程如下：假设 $D(a_1, a_2, \cdots, a_m, d_1, d_1, \cdots, d_n)$ 是 2.3.1.1 节得到的粗略故障数据，且 D 中有 $m+n$ 个数据变量，其中 $a_1, a_2, \cdots, a_m$ 表示依据故障特征被调整过的数据变量，而 $d_1, d_2, \cdots, d_n$ 表示未经调整的数据变量。用每一个调整过的数据变量 $a_i(1 \leqslant i \leqslant m)$ 与任意一个未经调整的数据变量 $d_j(1 \leqslant j \leqslant n)$ 进行 PCC 相关性计算。然后根据计算结果，使用如下的规则处理数据 D：

- 所有经过调整的数据变量 $a_i(1 \leqslant i \leqslant m)$ 均保留在数据 D 中。
- 如果 $PCC(\forall a_i, d_j) \leqslant \delta$，那么第 j 个未经调整的变量 d_j 保留在数据 D 中。
- 如果 $PCC(\exists a_i, d_j) > \delta$，那么从数据 D 中删除第 j 个未经调整的变量 d_j。

其中，δ 表示由先验知识确定的阈值；$\forall$ 表示“对于所有的”；$\exists$ 表示“存在着”。经过这样的处理后，那些和故障数据变量具有较高 PCC 相关性的数据变量就会被删除。

使用 PCC 将数据处理完毕后，再使用 MIC 处理数据。首先计算任意两个数据变量 x 和 y 之间的 MIC 值，计算公式如下：

$$MIC(x, y) = \max_{n_x n_y < B(n)} \frac{I(x, y)}{\log_2 \min(n_x, n_y)} \tag{2.10}$$

其中，

$$\begin{aligned} I(x, y) &= H(x) + H(y) - H(x, y) \\ &= \sum_{i=1}^{n_x} p(x_i) \log_2 \frac{1}{p(x_i)} + \sum_{j=1}^{n_y} p(y_j) \log_2 \frac{1}{p(y_j)} - \\ &\quad \sum_{i=1}^{n_x} \sum_{j=1}^{n_y} p(x_i y_j) \log_2 \frac{1}{p(x_i y_j)} \end{aligned} \tag{2.11}$$

$B(n) = n^{0.6}$，n 表示数据向量的维度，n_x 和 n_y 分别表示 x 轴和 y 轴的分区块数。

依据 MIC 对与故障变量相关的数据变量的消除处理过程与 PCC 的处理过程一致。处理完毕后，那些与故障数据相关的数据变量就会被删除。使用 PCC/MIC 方法的优点是，这种方法可以用统一的方式处理不同种类的风机（不同种类的风机具有不同种类的 SCADA 数据变量），使本章方法在风机数据的相关性处理中更具有通用性。

至此，经过上述的处理后，得到了最终的粗略故障数据。在 2.3.2 节，那些删除的数据变量将会被 GANs 恢复，从而得到逼真的故障数据。

2.3.2 基于生成对抗网络的故障样本精化

经过 2.3.1 节的处理，构建了粗略的故障数据。然而，当前的粗略故障数据并不完整，与真实的故障数据差别较大。因此，为了得到完整、有效的故障数据，本节使用改进的生成对抗网络来精化粗略的故障数据、恢复被删除掉的数据变量，从而得到逼真的故障数据。

2.3.2.1 生成对抗网络[94]

生成对抗网络（GANs）是一种基于机器学习的生成模型。GANs 由两个网络组成：生成网络 G 和判别网络 D。生成网络 G 的功能是生成与真实数据相似的模拟数据；而判别网络 D 的功能是区分真实的数据和生成网络 G 生成的数据。GANs 结构相当于一个零和博弈游戏，通过两个网络的对抗，增强生成网络 G 的生成能力和判别网络 D 的判别能力。GANs 的对抗训练描述如下：

$$\min_G \max_D V(D, G) = \min_G \max_D (E_{x \sim p_x(x)}[\log D(x)] + E_{z \sim p_z(z)}[\log(1 - D(G(z)))]) \tag{2.12}$$

其中，x 的分布为 p_x；z 表示一个随机向量，z 作为生成网络 G 的输入，被 G 处理成生成数据 $G(z)$，$G(z)$ 的分布是 p_g；$D(x)$ 表示由对抗网络计算出的"x 来自于 p_x 分布而不是 p_g 分布"的概率：在理想的情况下，如果 $x \sim p_x$，那么 $D(x) = 1$；如果 $x \sim p_g$，那么 $D(x) = 0$。经过不断地训练，D 能够逐渐正确地区分真实的数据 x 和生成的数据 $G(z)$。

本章方法使用 GANs 作为粗略故障数据的精化模型，将粗略的故障数据转化为逼真的故障数据。使用基于 GANs 的生成模型作为粗略故障的精化模型具有以下的优点：① 基于 GANs 的生成模型可以直接生成目标数据，不需要机理机制或特殊的概率分布处理[100]；② GANs 的训练是"端到端"模式[94]，部署容易、操作简单；③ 在许多其他的领域，基于 GANs 的生成模型都在各自的领域成功地生成了逼真的样本数据[95-97]。因此，本节基于 GANs，通过两个步骤对粗略故障样本进行精化处理：① 训练基于 GANs 的粗略故障数据精化模型；② 使用训练好的精化模型来精化粗略故障数据。图 2.2 是精化过程的流程图。

2.3.2.2　训练粗略故障样本的精化模型

图 2.3 显示了精化模型的训练过程。本章方法使用了未经调整的不完整数据 d_{rn}（只经过了平滑处理和相关数据消除处理的数据）作为精化模型的训练数据。首先，将真实的正常数据 d_n 和未经调整的不完整数据 d_{rn} 组合成"真实数据对"；其次，使用生成网络 G（训练中的精化模型）将 d_{rn} 还原成完整的数据，记为生成数据 d_z；将 d_z 和未经调整的不完整数据 d_{rn} 组合成"生成数据对"；然后，将真实数据对 $[d_n, d_{rn}]$ 和生成数据对 $[d_z, d_{rn}]$ 输入到判别网络 D 中，让 D 判别出哪个是真实的数据对。

因此，判别网络的损失 $L_{GAN}(D)$ 可以计算如下：

$$L_{GAN}(D) = -\frac{1}{N}\sum_{t=1}^{N}\log\frac{1}{1 + \exp(-D([d_n, d_{rn}]_t))} - \frac{1}{N}\sum_{t=1}^{N}\log\left(1 - \frac{1}{1 + \exp(-D([d_z, d_{rn}]_t))}\right) \tag{2.13}$$

为了有针对性地生成风机故障数据，本章方法根据风机的实际状况改进了 GANs 模型。与其他领域数据不同的是，风机的 SCADA 数据包含了大量不同类型的数据变量。其中一些数据变量是相关的，而一些是不相关的。参考局部对

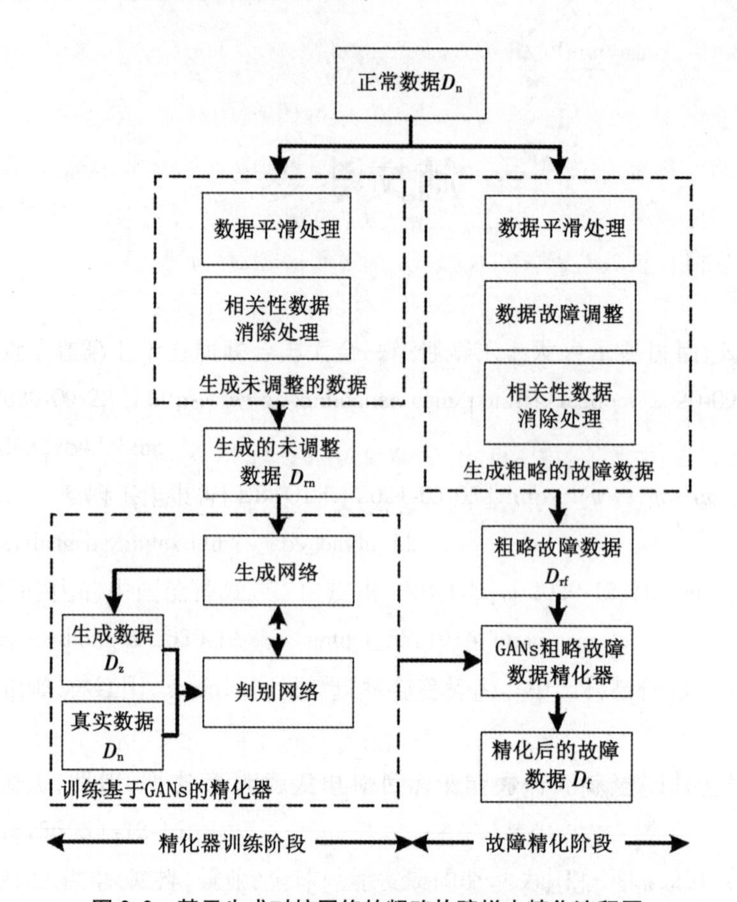

图 2.2　基于生成对抗网络的粗略故障样本精化流程图

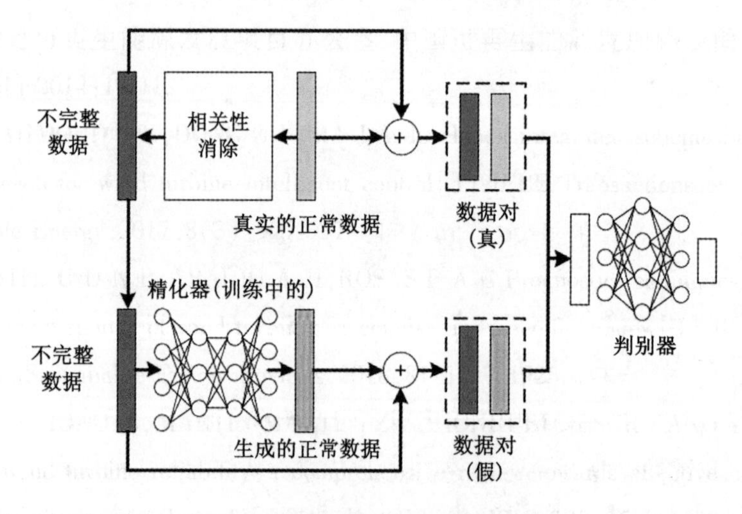

图 2.3　故障样本精化器的训练流程

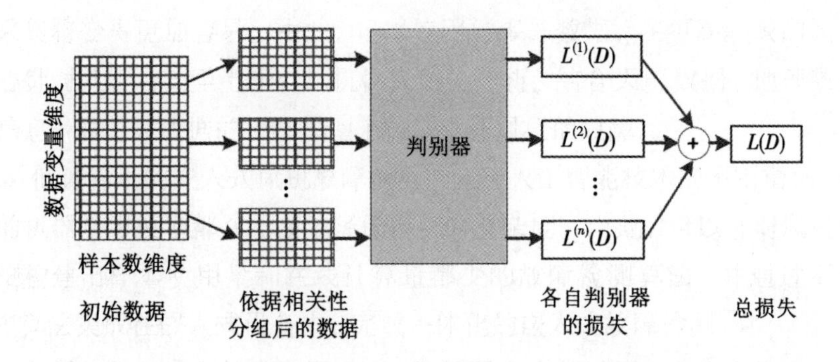

图 2.4　使用分组数据计算判别器损失的计算示意图

抗损失的思路[101]，为了有针对性地处理精化模型的训练，本章方法依据风机 SCADA 数据各个变量间的相关性(使用 PCC 和 MIC 计算相关性)对数据变量进行了分组。在每个分组中，分别计算组内数据变量的判别损失，然后对各组计算出的损失进行加和作为整体的判别损失，如图 2.4 所示。由此，改进后的判别网络最终的损失函数表示如下：

$$L_{\mathrm{WT}}(D) = -\frac{1}{MN}\sum_{k=1}^{M}\sum_{t=1}^{N}\log\frac{1}{1+\exp(-D([d_{\mathrm{n}}^{(k)}, d_{\mathrm{rn}}^{(k)}]_t))} - \frac{1}{MN}\sum_{k=1}^{M}\sum_{t=1}^{N}\log\left(1-\frac{1}{1+\exp(-D([d_{\mathrm{z}}^{(k)}, d_{\mathrm{rn}}^{(k)}]_t))}\right) \tag{2.14}$$

其中，$[d_{\mathrm{n}}^{(k)}, d_{\mathrm{rn}}^{(k)}]$ 表示第 k 组正常数据和未经调整的数据；$[d_{\mathrm{z}}^{(k)}, d_{\mathrm{rn}}^{(k)}]$ 表示第 k 组生成的数据和未经调整的数据；M 表示组数。在模型训练的过程中，在每次网络对抗的迭代里，首先使用计算出的随机梯度 $\nabla_{\theta_D} L_{\mathrm{WT}}(D)$ 来更新判别网络的参数 θ_D；判别网络更新之后，再计算与之对抗的生成网络的损失值。

因此，生成网络的损失函数可以表示为：

$$L_{\mathrm{GAN}}(G) = -\frac{1}{MN}\sum_{k=1}^{M}\sum_{t=1}^{N}\log\frac{1}{1+\exp(-D([d_{\mathrm{z}}^{(k)}, d_{\mathrm{rn}}^{(k)}])_t)} \tag{2.15}$$

为了使生成的数据更加接近真实数据，本方法在生成网络的损失函数中增加了额外的损失项 L_{trd}。L_{trd} 用来限制生成数据，保证生成数据与真实数据的偏差足够小。通过 L_{trd} 的约束，会使生成的数据逐渐逼近真实数据。在本方法中，生成数据与真实数据的偏差距离采用了 L_1 距离。增加了 L_{trd} 损失项后，生成网络不仅能够对抗判别网络，还能使生成的数据更加接近真实的数据，提高了故障数据的生成质量。因此，增加了 L_{trd} 损失项后，生成网络的损失函数可以表示为：

$$L_{\mathrm{WT}}(G)=L_{\mathrm{GAN}}(G)+\lambda L_{\mathrm{trd}}$$
$$=-\frac{1}{MN}\sum_{k=1}^{M}\sum_{t=1}^{N}\log\frac{1}{1+\exp(-D([d_{\mathrm{z}}^{(k)},d_{\mathrm{rn}}^{(k)}]_t))}+\lambda\|d_{\mathrm{n}}-d_{\mathrm{z}}\|_1 \quad (2.16)$$

与判别网络的计算方式相同，在每次网络的对抗迭代里，通过计算随机梯度 $\nabla_{\theta_G}L_{\mathrm{WT}}(G)$ 来更新生成网络的参数 θ_G 。最终，通过交替更新判别网络的参数 θ_D 和生成网络的参数 θ_G ，基于 GANs 的故障数据精化模型即可训练完成。

总体来说，为了使数据精化模型更加有效地精化粗略的故障数据，本章方法对 GANs 模型做了如下改进：① 对判别网络的损失函数进行了改进，通过对风机数据的分组设计分别计算判别损失，这样的处理更加适合风机数据的特征，使生成的数据更加逼真；② 对生成网络的损失函数进行了改进，增加了生成数据与真实数据的距离差损失项，使生成数据更加接近于真实数据。通过以上两点对 GANs 模型的改进，数据精化模型的训练会更具有针对性，从而使生成的风机故障数据更加合理和有效。

2.3.2.3　精化粗略的故障数据

得到了粗略的故障数据以及粗略故障数据的精化模型之后，本节使用精化模型将粗略的故障数据精化成逼真的故障数据，图 2.5 显示了粗略故障数据精化的过程。首先，依据 2.3.1 节中粗略故障数据的构建方法，将正常的风机数据构造成粗略的故障数据；然后，使用 2.3.2 节中训练好的数据精化模型，将粗略的故障数据精化成逼真的故障数据，这样，就可以使用大量不同环境下的正常数据构建出相同环境下的故障数据；最终，使用大量生成的故障数据训练基于机器学习和数据驱动的风机故障检测模型，进而从故障样本生成角度解决小样本条件下的风机故障检测问题。

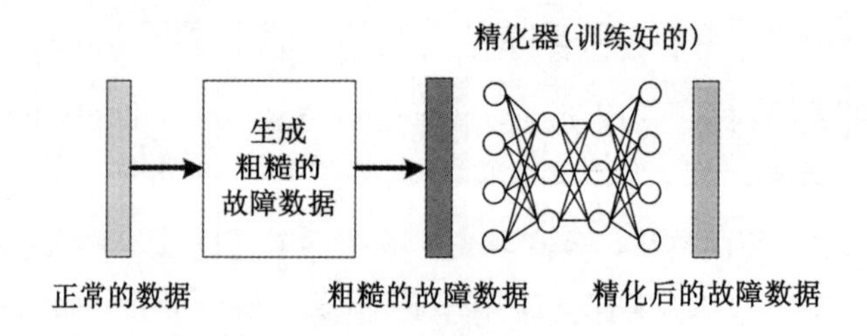

图 2.5　精化模型的精化过程

2.3.3　基于生成样本的故障检测

一般情况下，基于人工智能的故障检测方法需要大量的故障样本数据来训练，从而尽可能多地覆盖所有可能的数据模式。然而，在实际中很难得到数量多且种类全的故障数据。使用本章的方法，可以生成大量逼真的故障数据，这些生成的故障数据可以有效地代替真实的故障进行故障检测模型的训练。基于生成数据的风机故障检测流程如下所述：① 生成大量多样化的故障数据；② 使用生成的故障数据训练故障检测模型；③ 使用训练好的故障检测模型检测风机的故障。图 2.6 显示了基于生成数据的风机故障检测流程图。

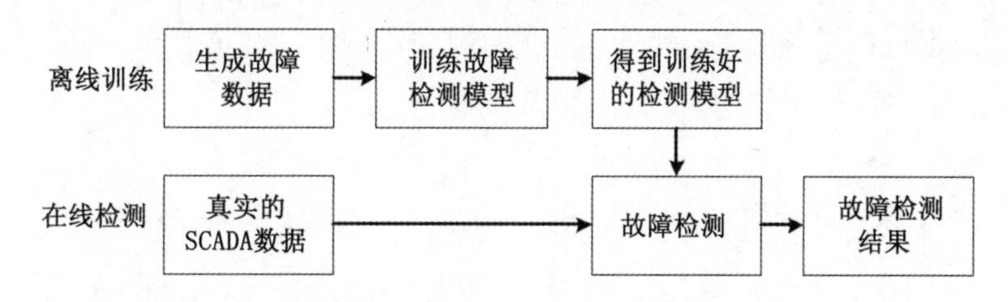

图 2.6　风机故障检测流程图

此外，本章提出的基于生成样本的故障检测方法同时具有鲁棒性强的优势。在风机的日常运维中，不同环境下的正常风机数据是普遍存在且容易获得的。本章方法基于正常数据构建故障数据，这样可以使构建出的故障数据同样具有多样性，使用多样的故障数据训练出的故障检测模型会具有更好的鲁棒性。此外，对于个体风机而言，生成的故障数据可以通过此风机自身的正常数据获得，这样生成的故障数据更具针对性，从而使训练出的故障检测模型能够更加有效地检测本风机的故障。

2.4　验证与应用

2.4.1　实验设置及方法过程

本节通过“生成数据评估”和“风机故障检测”两类实验评估本章方法的有效性，具体的实验设置如下：实验 1 从多个角度评估本章方法生成的故障样本，验证生成故障样本的有效性；实验 2 分别使用真实的故障数据和生成的故障数据检测风机的故障，验证本章方法在风机故障检测方面的有效性；实验 3 分别使用经过简单扩充而得到的故障样本和本章方法生成的故障样本进行故障检测，验证本章方法生成故障样本的有效性；实验 4 使用改进的 GANs 网络和未改进的 GANs 网络检测风机的故障，验证本章方法对 GANs 网络改进的有效性。

实验使用了中国北部某风场真实的风机 SCADA 数据。图 2.7 显示了该风场的室外场景、集控中心以及部分 SCADA 系统的照片。本实验使用了容量为 1.5MW 的某类风机，该类风机的 SCADA 数据变量如表 1.1 所示，这些数据变量在风机中对应的位置如图 1.1 和表 1.1 所示。在实验前，首先对收集到的 SCADA 数据进行了预处理，例如：将实验数据中缺失的数据补全，删除无效的异常数据等，使处理后的数据更加准确有效。

(a)风场室外场景

(b)集控中心

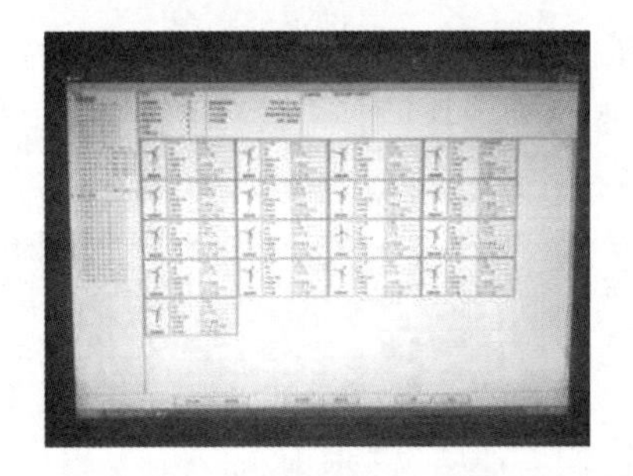

(c)风场上使用的 SCADA 系统一

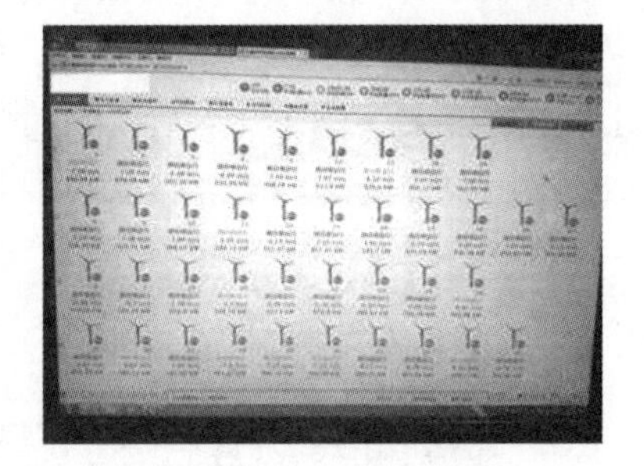

(d)风场上使用的 SCADA 系统二

图 2.7　实验环境的照片

从 2015 年 1 月 16 日至 2015 年 1 月 25 日，某风机的发电效率降低，在此段时间内由于风机一直处于运行状态，因此并没有排查到问题的原因。直到 2015 年 1 月 26 日，对风机进行了停机维护，通过彻底检查发现该风机发电异常的原因：该风机的叶片角度偏差出现设置错误，从而导致风机控制系统获取的叶片角度值并非实际的角度值，最终导致风机发电效率的降低。为了检测该故障，本实验首先收集了此段时间内的故障数据。为了保证故障数据的有效性，实验只收集了风速高于切入风速且低于切出风速的数据，最终收集到了962 个此类故障的 SCADA 数据样本。此风场的工程师研究过此类故障，将该故障的先验知识总结如下：

如果(叶片偏角==偏高)并且(输出功率==偏低)并且(风速==正常)那么(诊断结果：测量的叶片偏角高)

根据此规则，首先将正常的风机数据调整成粗略的故障数据。依据先验知识，将叶片偏角偏差的等级分界值分别设置为 $\eta_{vh}^{pa}=0.2$ 和 $\eta_{h}^{pa}=0.1$；输出功率偏差的等级分界值分别设置为 $\eta_{vl}^{op}=-0.15$，$\eta_{l}^{op}=-0.1$；叶片偏角调整率 γ^{pa} 的范围设置为 0.2~0.3；输出功率的调整率范围设置为-0.25~-0.15。然后依据 2.3.1 节所述的方式，对正常的风机 SCADA 数据进行故障调整处理。

故障数据调整完毕后，进行与故障变量相关的变量消除处理。首先对 SCADA 数据的各变量进行相关性分析，分别对 SCADA 数据的 28 个数据变量进行两两的 PCC 值和 MIC 值计算，计算的结果如图 2.8 所示。

从相关性分析的结果可以看出：一些数据变量之间的相关性较强，而一些数据之间的相关性则较弱。在本实验中，分别将 PCC 和 MIC 的阈值设置为：$\delta_{pcc}=0.5$，$\delta_{mic}=0.3$。并依据阈值进行数据变量的分组处理，分组结果如表 2.1 所示。

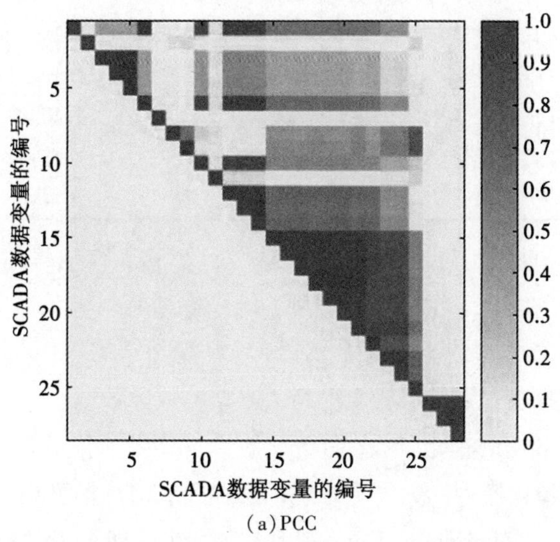

(a) PCC

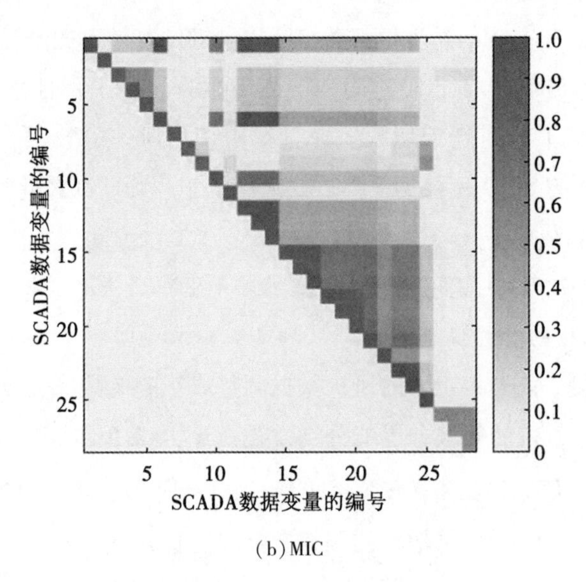

(b) MIC

图 2.8 相关性分析结果

表 2.1 某风机 SCADA 数据变量示例

序号	PCC 组合	MIC 组合	最终组合
1	数据变量 1, 6, 10	数据变量 1, 6, 10	数据变量 1, 6, 10
	数据变量 12~22	数据变量 12~22	数据变量 12~22
2	数据变量 2	数据变量 2	数据变量 2
3	数据变量 3, 4, 5	数据变量 3, 4, 5	数据变量 3, 4, 5
4	数据变量 7	数据变量 7	数据变量 7
5	数据变量 8, 9, 23	数据变量 8, 23, 24	数据变量 8, 9, 23
	数据变量 24, 25	数据变量 25	数据变量 24, 25
6	数据变量 11	数据变量 9	数据变量 11
7	数据变量 26, 27, 28	数据变量 11	数据变量 26, 27, 28
8	—	数据变量 26, 27, 28	—

从分组结果可以看出：依据 PCC 计算出的分组结果为 7 组，而依据 MIC 计算出的分组结果为 8 组。依据分组规则，最终数据变量被分为 7 组，同时满足了 PCC 和 MIC 的分组要求。然后，依据 2.3.1 节所述的操作，将那些与故障数据变量相关的数据变量删除，从而得到了粗略的故障数据。

在粗略故障数据的精化阶段，首先依据 2.3.2 节所述的训练方式，训练基于 GANs 的数据精化模型。为了更好地训练模型，精化模型中的生成网络和判别网络中均使用了 BatchNorm-ReLu 模块[102]。使用训练好的精化模型处理粗略的故障数据后，得到精化后逼真的故障数据。

此外，为了清晰地显示后续的实验结果，本实验以下章节中所用的 SCADA 数据变量的顺序根据分组的结果调整为：3，4，5，12，1，6，13~22，10，2，7，8，9，23，24，25，11，26，27，28。

2.4.2　实验 1：生成样本评估实验

本实验对生成的故障样本进行有效性评估。使用本章提出的风机故障数据生成方法，可以得到大量的故障数据，图 2.9 列举了一些生成的故障数据。图中，(a)和(e)是用于生成故障数据的正常数据，(b)和(f)是依据先验知识和数据相关性处理后得到的粗略故障数据，(c)和(g)是经过精化处理后最终生成的故障数据，(d)和(h)是用于参照对比的真实故障数据。(a)~(d)是在风速为 5m/s 的条件下风机的数据，(e)~(h)是在风速为 7m/s 的条件下风机的数据。

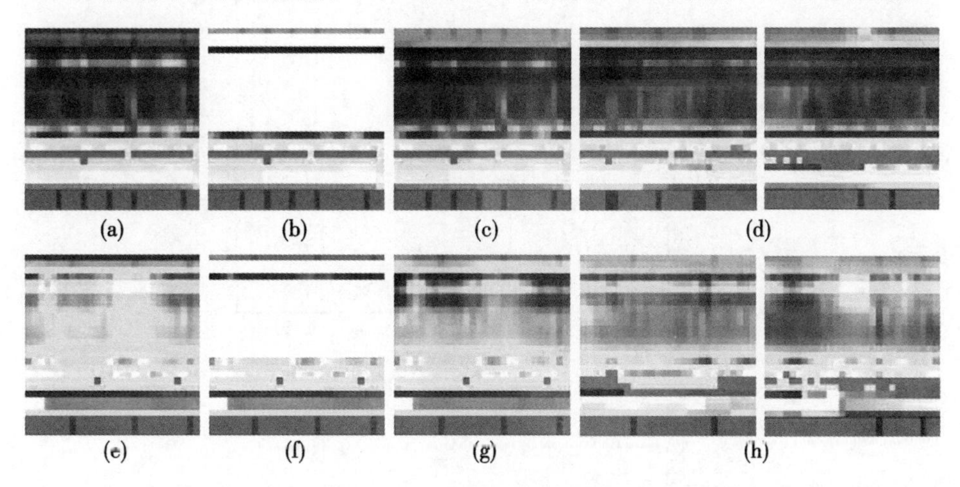

图 2.9　故障数据生成结果

(1)数据细节对比

图 2.10 分别显示了生成的故障数据和真实的故障数据中两个数据变量(“轮毂转速”和“发电机扭矩”)的细节对比。使用 PCC 和 MIC 计算真实故障数据中这两个数据变量的相关性，结果表明这两个变量之间的相关性较强(PCC 值为 0.98，MIC 值为 0.94)。依据这一数据特征，考察生成的故障数据是否与真实的故障数据一致。

图 2.10 的实验结果表明：① 真实的故障数据(b)和(d)具有较高的相关性，而生成的故障数据(a)和(c)同样具有较高的相关性；② 无论是真实的故障数据，还是生成的故障数据，在细节上均存在细小的数据波动，这表明生成

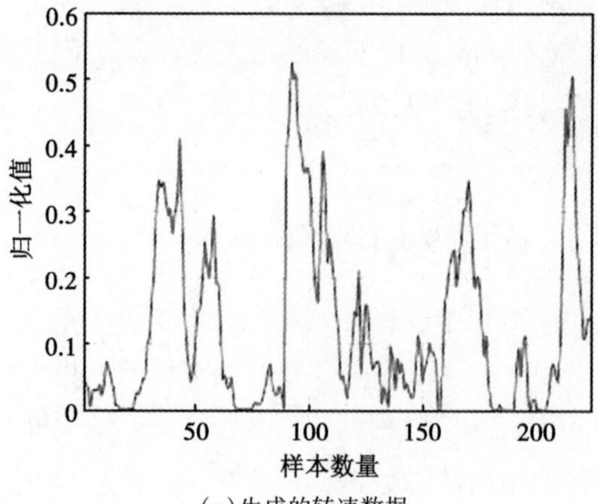

(a)生成的转速数据

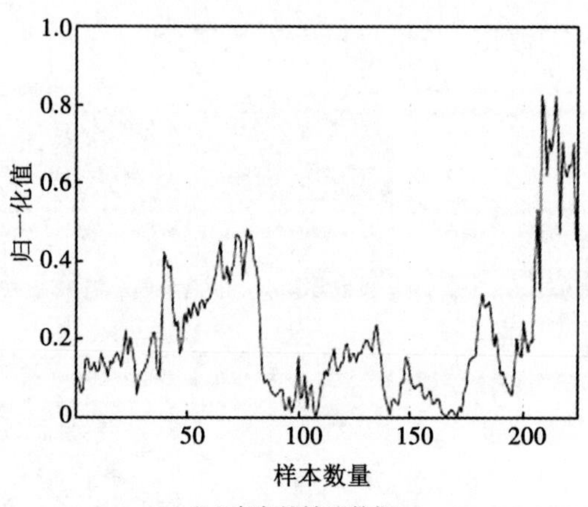

(b)真实的转速数据

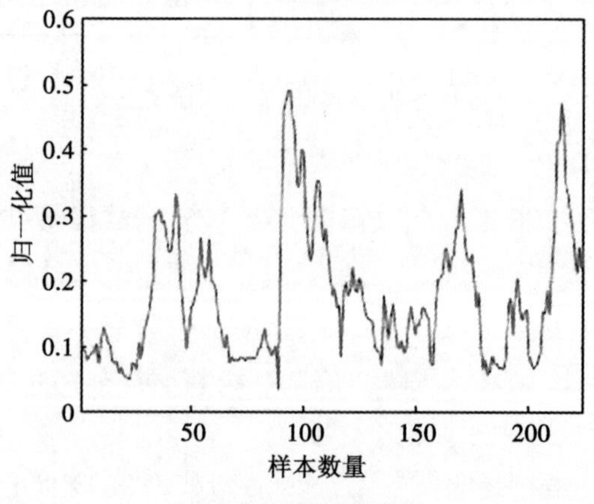

(c)生成的风机扭矩数据

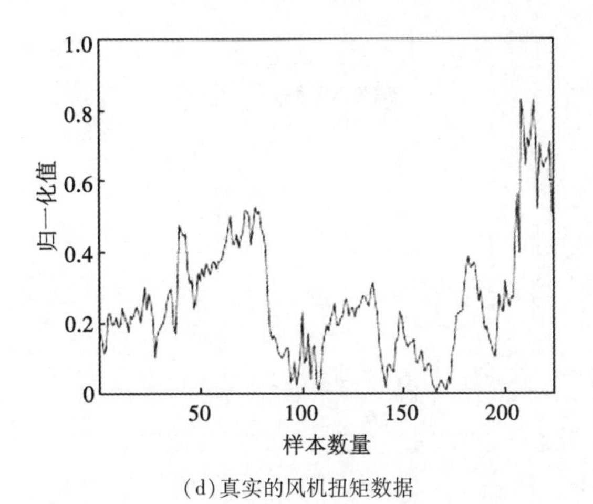

(d)真实的风机扭矩数据

图 2.10　生成的故障数据和真实的故障数据

的故障数据与真实的故障数据在细节上一致。由此可以看出，使用本章方法生成的故障数据与真实的故障数据具有较高的相似性。

(2)统计分析对比

图 2.11 显示了生成的故障数据和真实的故障数据中所有 28 个数据变量的均值和方差的对比结果，实验分别对三个不同的环境条件(风速分别为 3～3.5m/s，(5±0.5)m/s，(7±0.5)m/s)进行对比。第一列显示了均值的比较，第二列显示了方差的比较：(a)和(b)是风速在 3～3.5m/s 条件下的数据，(c)和(d)是风速在(5±0.5)m/s 条件下的数据，(e)和(f)是风速在(7±0.5)m/s 条件下的数据。从实验结果可以看出，在三种不同的条件下，生成故障数据的均值和方差与真实故障数据的均值和方差基本一致，这说明生成的故障数据与真实的故障数据具有相似的统计特性。因此，此实验结果表明，本方法生成的故障数据与真实的故障数据具有较高的相似性。

(3)使用改进的 GANs 模型前后生成数据的对比

为了验证本章方法中改进的 GANs 精化模型对生成数据的影响，本节对使用了改进 GANs 精化模型与未使用改进 GANs 精化模型生成的故障数据进行对比。实验分别计算了两组生成数据各个变量的均值和方差，并将真实故障数据的均值和方差作为基准，考察两组生成故障数据的统计量偏差情况。图 2.12 列出了两组生成数据各个变量均值和方差相对于基准数据的偏差结果。从结果中可以发现，无论是均值偏差还是方差偏差，使用改进 GANs 的精化模型生成的数据更加接近真实的故障数据。因此本实验的结果可以说明，使用本章方法提出的改进 GANs 精化模型可以更加有效地生成逼真的风机故障数据。

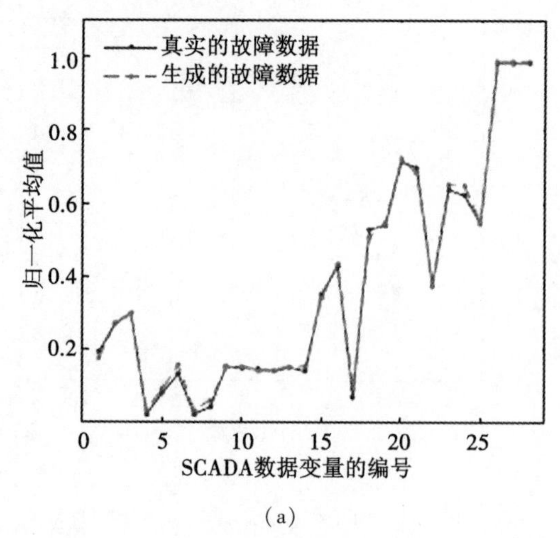
真实的故障数据
生成的故障数据
1.0
0.8
0.6
0.4
0.2
归一化平均值
0
5
10
15
20
25
SCADA数据变量的编号

(a)

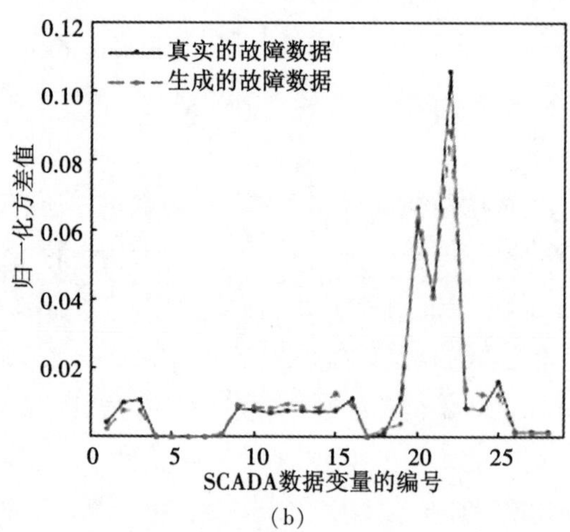
0.12
真实的故障数据
生成的故障数据
0.10
0.08
0.06
0.04
0.02
归一化方差值
0
5
10
15
20
25
SCADA数据变量的编号

(b)

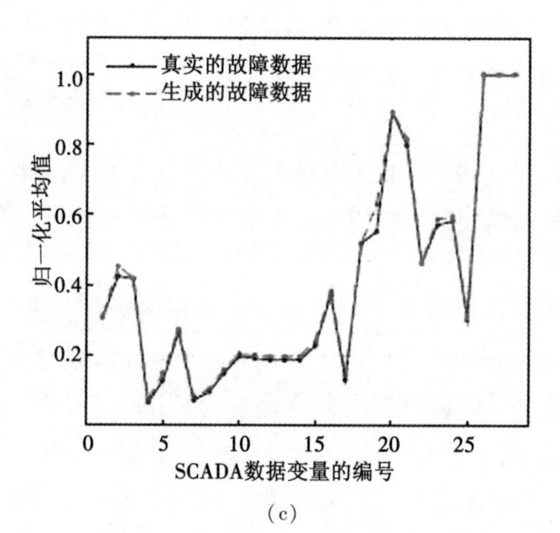
真实的故障数据
生成的故障数据
1.0
0.8
0.6
0.4
0.2
归一化平均值
0
5
10
15
20
25
SCADA数据变量的编号

(c)

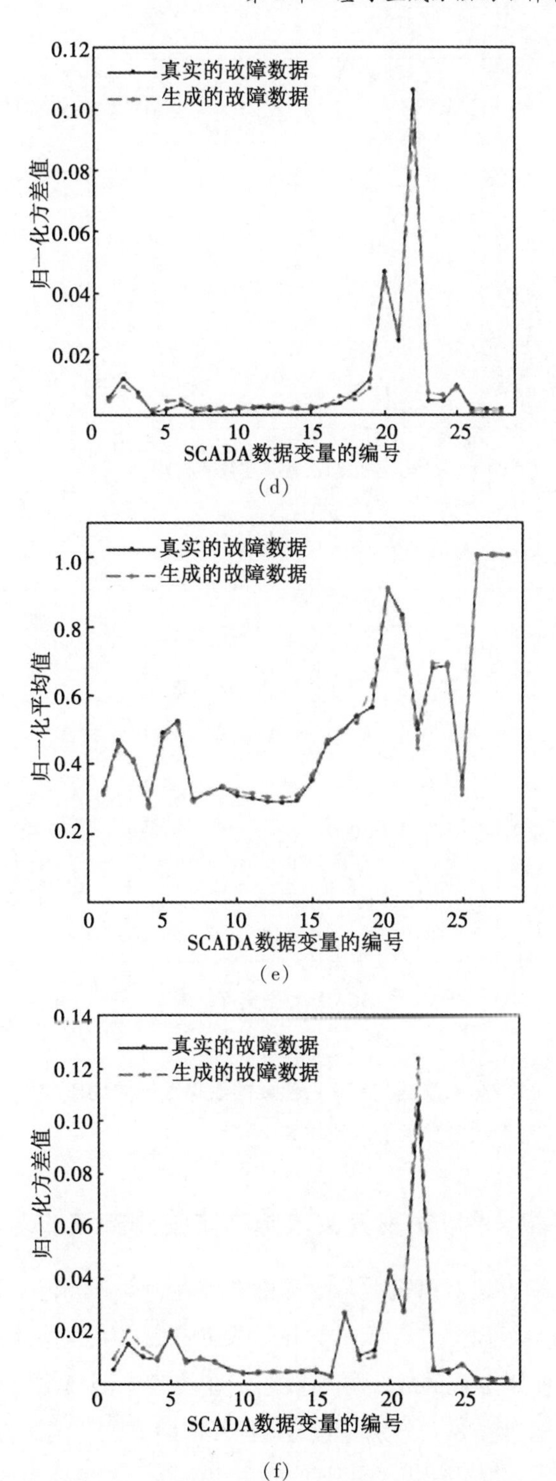

(d)

(e)

(f)

图 2.11　生成的故障数据与真实的故障数据在均值和方差方面的比较结果

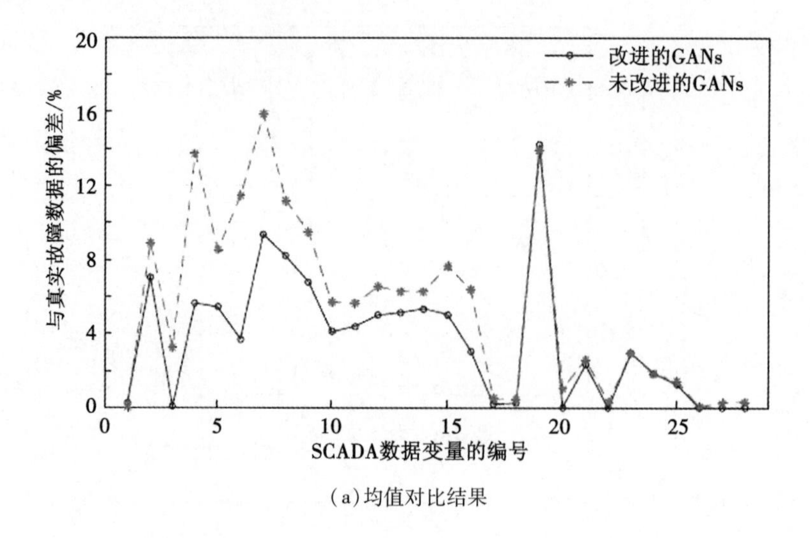

(a)均值对比结果

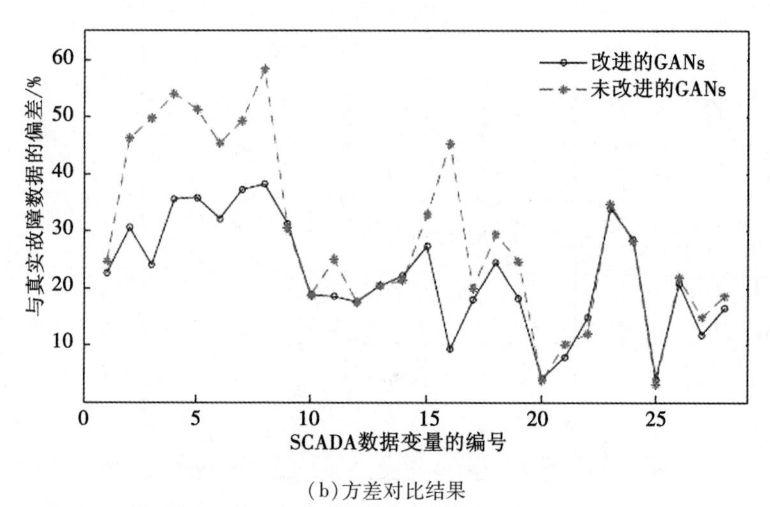

(b)方差对比结果

图 2.12 改进和未改进 GANs 所生成的故障数据的均值和方差相对于真实故障数据的对比结果

2.4.3 实验 2：与使用真实故障样本检测方法的对比实验

为了验证本章方法对风机故障检测的有效性，本节进行了风机故障检测的实验。实验使用两组数据进行风机的故障检测：第一组数据使用真实的故障样本数据；第二组使用生成的故障样本数据。在故障检测模型方面，实验选用了三个常见的人工智能方法，分别是：人工神经网络方法(ANN 方法)，支持向量机方法(SVM 方法)和决策树方法(DT 方法)。

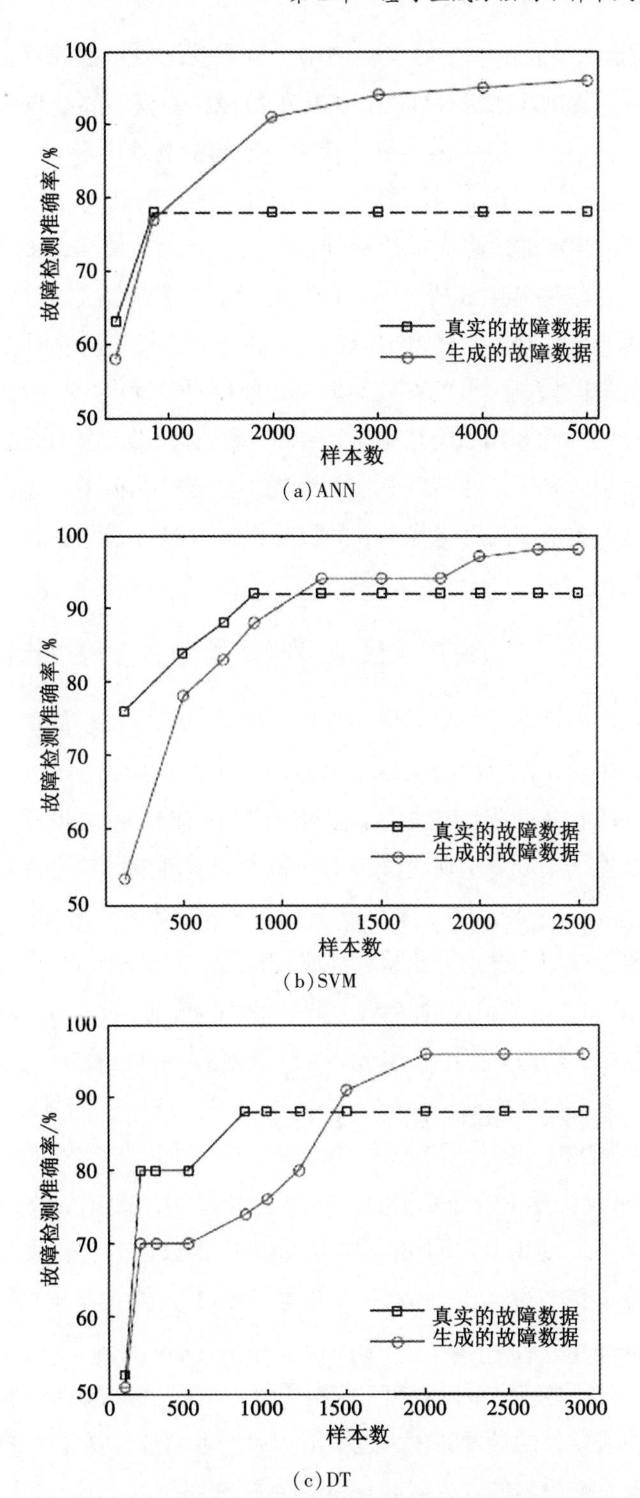

(a) ANN

(b) SVM

(c) DT

图 2.13　使用真实故障样本数据和生成故障样本数据的故障检测对比结果

图 2.13 显示了故障检测的实验结果。从实验结果可以看出：当训练样本的数量相同时，使用真实故障样本训练出的故障检测模型的检测精度(AUR)要高于使用生成故障样本训练出的故障检测模型的检测精度(AUG)；然而，由于真实的故障样本数量有限，当使用了全部的真实故障样本时，AUR 达到了最高值。相比之下，生成的故障样本数量可以根据需要逐步增多，从实验的结果可以看出，AUG 可以随着生成故障样本数量的增多而逐步提高。最终随着加入的生成故障样本不断增加，三种方法 AUG 均超过了 AUR，这说明使用生成故障样本训练出的故障检测模型的有效性要高于使用有限的真实故障样本训练出的模型的有效性。因此本实验的结果可以说明：使用本章方法生成的故障样本可以有效地用于训练基于人工智能和数据驱动的故障检测模型。当实际应用中故障样本的数量不足时，使用这些生成的故障样本可以有效地提高故障检测的精度。

2.4.4 实验 3：与使用扩展故障样本检测方法的对比实验

为了进一步验证本章提出的样本生成方法对风机故障检测的有效性，本节进行了另外一组对比实验。与实验 2 相似，本节使用了两组样本数据进行故障检测模型的训练：第一组数据使用了通过简单方法扩充的故障样本数据，即在已有真实的故障样本数据上通过增加噪声得到的扩展故障样本数据；第二组数据是使用本章方法生成的故障样本数据。与实验 2 相同，本实验分别使用了 ANN 方法、SVM 方法和 DT 方法检测风机的故障。

图 2.14 显示了故障检测的结果。条件 1 使用增加了 0% ~1%随机噪声扩展的真实故障数据，条件 2 使用增加了 0 ~3%随机噪声扩展的真实故障数据，条件 3 使用本章方法生成的故障数据。当使用加噪方法得到的故障样本数据时：① 使用 ANN 方法时，随着样本数量的增多，其故障检测的精度上下波动不稳定；② 使用 SVM 方法时，当使用的样本数量多于 2000 个时，故障检测的精度反而开始下降；③ 使用 DT 方法时，随着训练样本数量的逐步增多，故障检测精度基本保持不变。相比之下，当使用本章方法生成的故障样本数据时，ANN 方法、SVM 方法和 DT 方法的故障检测精度都随着加入样本的增多而提升。

因此，从实验的结果可以看出：使用加噪方式扩展的故障样本并不能有效地提高故障检测模型的检测精度，而使用本章样本生成方法生成的故障样本可以有效地提升故障检测的效果。此外，实验的结果还可以进一步表明：① 使用

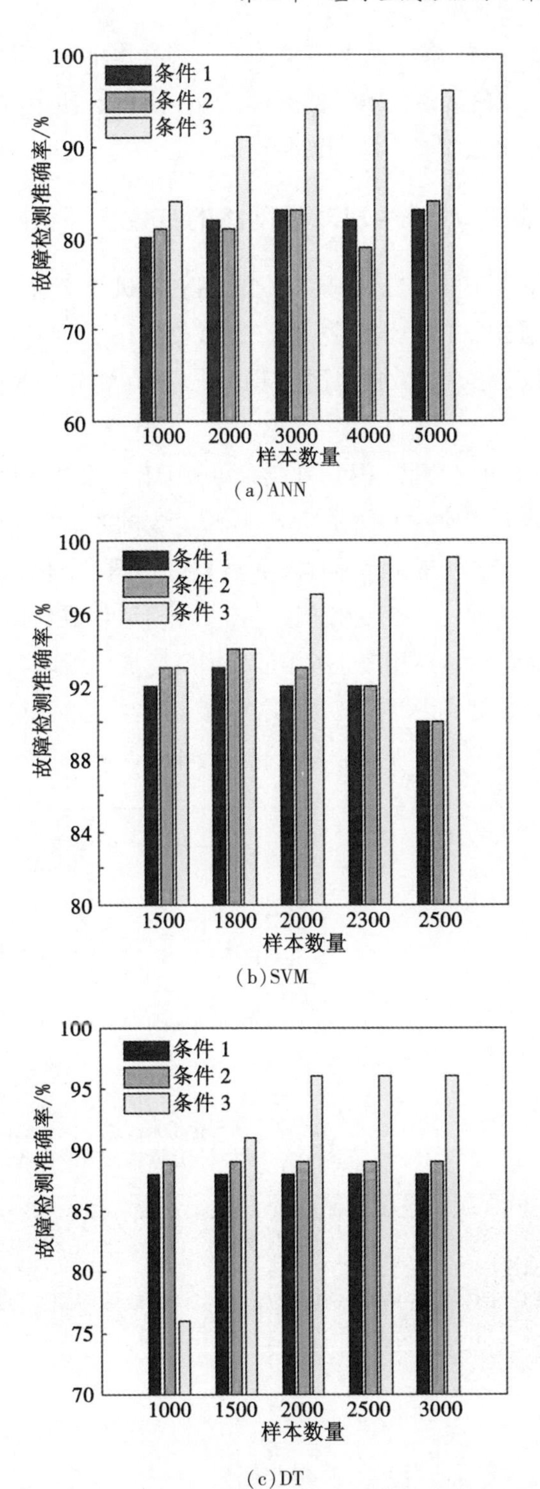

图2.14　使用扩展了真实故障样本的数据和使用生成故障样本数据的故障检测对比结果

本章方法生成的故障样本数据不同于在真实故障样本上增加噪声而扩展的样本数据，本章方法生成的故障样本数据更具有多样性；② 使用本章方法生成的故障数据与真实的故障数据具有相同的特征。

2.4.5 实验 4：改进生成对抗网络的有效性评估实验

为了验证本章提出的改进 GANs 精化模型对风机故障检测的有效性，本节使用另外两组数据进行了对比实验。第一组数据采用了改进 GANs 精化模型生成的故障样本数据；第二组数据采用了未改进 GANs 精化模型生成的故障样本数据。

图 2.15 显示了对比结果。从对比结果可以看出，虽然使用改进 GANs 模型生成的故障样本数据和使用未改进 GANs 模型生成的故障样本数据都可以提高最终的故障检测精度，但是在故障样本数据数量相同时，使用了改进 GANs 模型生成数据的检测精度要高于使用未改进 GANs 模型生成数据的检测精度。因此，本实验结果表明：① 使用改进 GANs 模型所生成的故障样本数据更加接近于真实的故障样本数据；② 使用改进 GANs 模型所生成的故障样本数据来训练故障检测模型能够更有效地提高故障检测的效果。

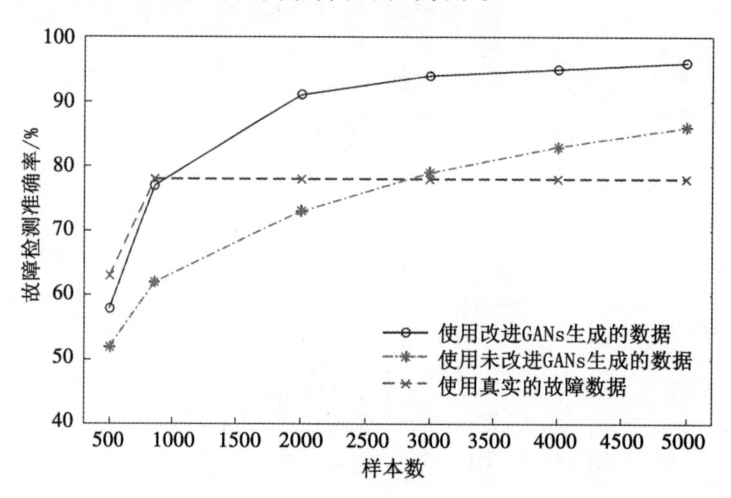

图 2.15 使用改进 GANs 和未改进 GANs 的故障检测对比结果

2.5　本章小结

本章基于故障样本生成的思路，提出了一种基于生成对抗网络的小样本条件下风机故障检测方法，以生成故障样本的方式解决基于人工智能和数据驱动的风机故障检测方法中故障样本数量不足而导致的检测模型难以训练的问题。

本章方法分为三个部分，分别是“构建粗略故障样本”、“精化粗略故障样本”和“训练风机故障检测模型”。第一部分先将风机故障的先验知识转化为生成故障数据的规则，然后通过故障数据调整和相关数据消除得到粗略的故障数据。第二部分提出了基于 GANs 的粗略故障数据精化模型，将粗略的故障数据精化为逼真的故障数据。在此阶段，为了生成更加有效的风机故障数据，本章方法改进了 GANs 的生成模型和对抗模型的损失函数。第三部分使用生成的充足故障样本数据，训练基于人工智能和数据驱动的风机故障检测模型，从而达到在小样本条件下充分训练风机故障检测模型的目的。通过使用本章提出的故障样本生成方法可以生成多样化的故障数据，从而提升了风机故障检测模型的训练效果。

为了验证本章方法的有效性，本章分别进行了生成数据评估实验和风机故障检测实验。通过生成数据的数据细节、数据统计量等对比发现，本章方法生成的故障样本数据与真实的故障样本数据无论在数据细节上，还是在数据的统计量上，都具有较高的一致性；同时将使用改进 GANs 模型和使用未改进 GANs 模型生成的数据进行了对比，实验结果表明，使用改进 GANs 模型生成的故障数据更加接近于真实的故障数据。通过风机的故障检测实验发现，当真实的故障数据样本数量有限时，使用本章方法生成的故障样本数据可以有效地训练风机故障检测模型，使基于人工智能和数据驱动的方法在真实故障样本数量有限的条件下依然有效。

第3章　基于映射方法的小样本风机故障检测

在风机的故障检测中，当故障的特征未知时，另一个可以解决小样本问题的思路是特征映射。特征映射是将原始的数据进行降维和特征提取，通过这种变化达到凸显异类数据的目的，使风机故障数据在映射后变得容易区分。

本章基于特征映射理论研究小样本条件下风机故障检测的方法，提出了一种基于三元组(triplet set)和特征映射的风机故障检测方法。本章首先设计了一种风机故障数据难样本(hard sample)的挖掘方法，然后使用挖掘到的难样本构建出以检测风机故障为目的的特征映射模型，将原始的风机数据映射到特征空间中，使风机故障数据在特征空间变得容易区分，最后在特征空间中建立识别模型以检测不同类别的风机故障。

3.1　本章概述

在风机的故障检测中，由于能够获取的故障样本数量往往很少，导致了很多基于人工智能和数据驱动的风机故障检测方法性能下降甚至失效。更为复杂的是，在风机的故障检测中，风机故障的种类往往很多。因此，在少量故障样本、多个故障种类的条件下，风机的故障检测变得更加困难。

本章根据特征映射理论，提出了一种针对小样本、多故障问题的风机故障检测方法。方法采用了基于三元组的特征映射模型，将原始数据映射到特征空间，使不同种类的数据变得容易区分，从而实现小样本条件下的风机故障检测。首先，为了有效地训练基于三元组的特征映射模型，本章提出了一种基于数据驱动的风机数据难样本挖掘方法，从而有效地提取训练特征映射模型所需的风机难样本数据；其次，为了使特征映射模型能够更好地降维和凸显不同种类的数据，本章提出了一种改进的三元组特征映射模型；然后，使用得到的难样本对改进的三元组特征映射模型进行训练，得到适用于风机故障检测的特征映射模型，并在特征空间内设计了多分类器，识别不同种类的风机故障，进而从数据特征映射的角度实现小样本条件下的风机故障检测。

3.2　基于映射方法的检测架构

本章依据特征映射的思路，提出了一种基于难样本挖掘的三元组特征映射小样本风机故障检测方法，图 3.1 是方法的整体架构图。此方法分为四个部分。

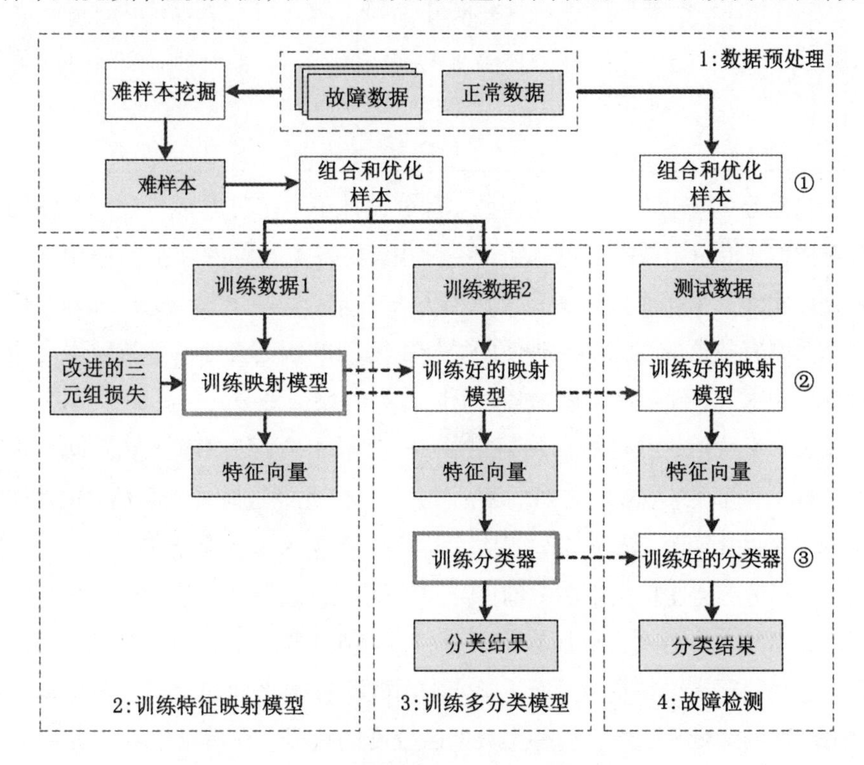

图 3.1　本章风机多故障检测方法的整体架构

第一部分：数据预处理。本部分首先针对采集到的风机数据进行难样本挖掘，筛选出那些最适于特征映射模型训练的数据样本；然后，依据风机数据的特征，对样本进行连续化处理，处理后的样本会使特征映射模型的训练更加有效。难样本不同于小样本，难样本是分辨正常数据与故障数据时难以区分的样本，既有故障样本，也有正常样本；而小样本指的是样本数量很少的故障样本。

为了初步说明本章需要挖掘的难样本，如表 3.1 所示为一个难样本挖掘的直观例子，其中列出了一些经过降维处理的真实风机数据。其中，N_1 和 N_2 是两个正常样本数据，F 是某故障样本数据。可以看出，正常样本 N_2 与故障样本 F 的距离 $d_{N_2,F}$ 要小于 N_2 与正常样本 N_1 的距离 d_{N_2,N_1}，因此，N_2 很可能被检测为故障样本。由此，这里把 N_2 界定为难样本。难样本挖掘就是要找到这些不易区分的难样本，此部分内容将在 3. 3. 1 节中详细描述。

表 3.1　一个风机故障难样本挖掘例子

变量	映射之前	映射之后
N_1	[0. 21, -0. 17, 0. 04]	[-0. 53, 0. 02, 0. 76]
N_2	[0. 20, 0. 03, -0. 05]	[-0. 64, 0. 01, 0. 67]
F	[0. 15, 0. 04, -0. 07]	[-0. 55, -0. 01, -0. 61]
$d_{N_2,F}$	0. 05	1. 28
d_{N_2,N_1}	0. 22	0. 14

第二部分：构建特征映射模型。本部分设计了一个针对风机故障检测的特征映射模型，将原始数据映射到特征空间中，使各类数据在特征空间中变得容易区分。此部分采用了改进的三元组损失来训练特征映射模型，训练好的模型可以降低原有数据的维度，同时使同类样本之间的距离变小、异类样本之间的距离变大。因此，经过特征映射后，不同种类的数据将会变得更加容易区分。

如表 3. 1 所示，经过特征映射之后，正常样本 N_2 与故障样本 F 间的距离 $d_{N_2,F}$ 大于它与正常样本 N_1 之间的距离 d_{N_2,N_1}，因此经过特征映射后，正常样本和故障样本将会变得容易区分。此部分内容将在 3. 3. 2 节中详细描述。

第三部分：构建特征空间上的多分类模型。经过特征映射后，特征空间中不同种类的样本将会变得更加容易区分。如表 3. 1 所示，经过特征映射后，正常样本之间的距离变得更近，而正常样本与故障样本之间的距离变得更远。由于数据维度的降低，以及不同种类数据区分度的提升，在特征空间中使用人工智能和数据驱动方法识别风机故障会变得更加容易。本部分在特征空间上建立多分类模型，实现对多种风机故障的检测。此部分内容将在 3. 4. 1 节中详细描述。

第四部分：小样本条件下的风机多故障检测。使用上述三个部分构建出的数据和模型，实现基于特征映射的小样本风机故障检测。首先，通过难样本挖掘和样本的连续性优化，得到用于风机故障检测的数据样本；其次，使用训练好的特征映射模型将数据样本映射成特征向量；最后，通过特征空间上的多分类模型识别映射好的特征向量，实现风机的故障检测。图 3. 1 中的数字标注了故障检测的流程。此部分内容将在 3.4.2 节中详细描述。

3.3　基于故障特性的难样本数据挖掘

3.3.1　风机故障数据的难样本挖掘

难样本是指在分类任务中难以区分的样本[103]。在风机的故障检测中，难样本可以认为是在分类决策边界上的样本点，即在风机故障逐渐形成并发展过程中，处于非故障与故障之间的过度样本点。图 3.2 显示了一个难样本的示例图。从图中可以看出：两类数据在虚线框中的样本点相互交杂、难以区分，这些难以区分的样本被认为是难样本。很多研究表明[104-106]，在基于三元组的特征映射模型训练中，如果能准确地找到难样本，并使用难样本训练特征映射模型，将会极大地提升特征映射的效果。因此，本节提出了一个针对风机故障检测的难样本挖掘方法。

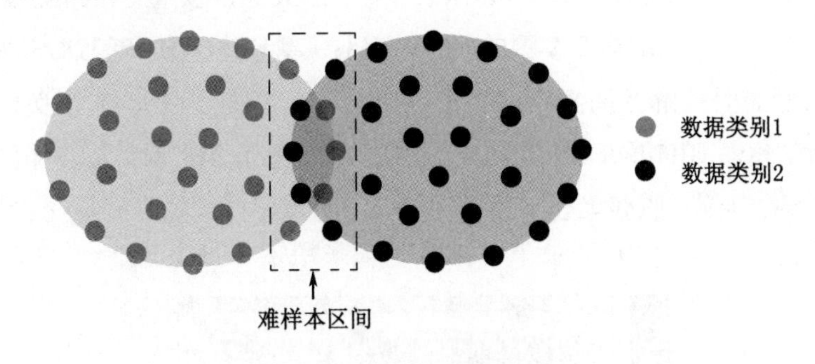

图 3.2　难样本的示例图

本章提出的难样本挖掘方法的主要原则是找到那些在故障形成过程中介于故障和非故障之间的样本。图 3.3 为风机故障检测难样本挖掘的示例。图中，X 轴表示时间，Y 轴表示此风机风速的真实数据和预测数据的偏差值。在风机故障的形成和发展的过程中，按照时间可以主要分成三个阶段：“正常阶段”、“早期故障阶段”和“故障阶段”。在这个过程中，“早期故障阶段”的样本和靠近“早期故障阶段”的正常样本是最容易被误分类的，因此这两种类型的样本被定义为风机故障检测中的难样本，如图 3.3 中箭头标注的区域所示。本章方法处理的“早期故障”属于带有微小故障特征的故障数据，尽早发现早期故障对风机的维护具有较大的益处。

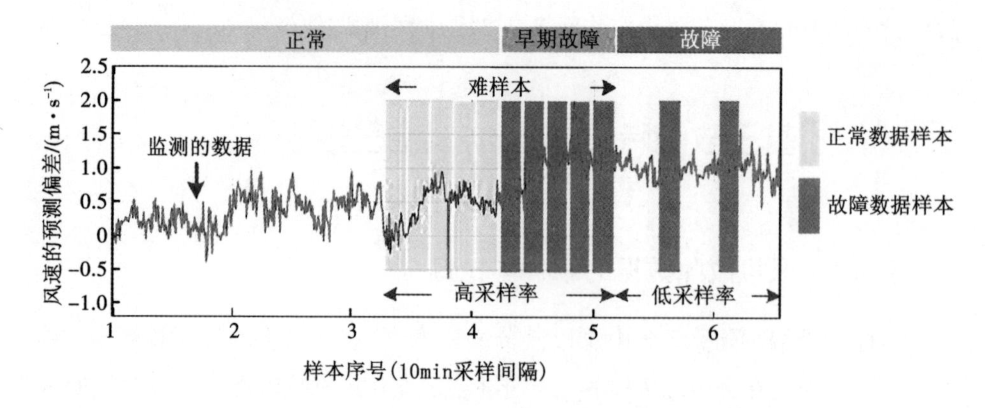

图 3.3 从某风速传感器故障中挖掘难样本的示例

按照这种方式，分别从正常样本和故障样本中收集用于训练特征映射模型的数据样本，细节描述如下。

3.3.1.1 从故障数据中抽取训练样本

从风机 SCADA 系统中采集到的原始 SCADA 数据 D 可以表示为：

$$\boldsymbol{D} = [D_1, D_2, \cdots, D_n]^{\mathrm{T}} \tag{3.1}$$

其中，D_i 表示 SCADA 数据的第 i 个数据变量；n 表示 SCADA 数据变量的个数。SCADA 数据包含了数十种不同种类的数据变量，例如：风速、功率等。

首先，依据故障记录，从 SCADA 数据中提取出故障阶段的数据。然后，将提取出的故障数据划分成“早期故障数据”和“故障数据”两类。由于早期故障通常不会标注在故障记录中，因此本章采用了一种基于聚类的方法区分 SCADA 数据中的“早期故障”和“故障”：对每一段故障数据 F，使用聚类方法 ψ 将 F 中的所有数据聚集成早期故障数据 F^{e} 和故障数据 F^{f} 两类：

$$[F^{\mathrm{e}}, F^{\mathrm{f}}] = \psi(F), F \in D \tag{3.2}$$

聚类的详细过程如下：首先，使用模型 ψ（本章采用 k - means 方法作为聚类模型 ψ）将所有时间序列上的故障数据聚成两类(“早期故障”和“故障”)；聚类之后，在整条时间序列上随意设置一个时间阈值点，此时间阈值点左侧认为是早期故障区域，右侧认为是故障区域；依据此时间阈值点，计算左侧的错误样本数(即归类在左侧的“故障样本”数)和右侧的错误样本数(即归类在右侧的“早期故障样本”数)，两者之和为总的错误样本数；然后在时间序列上遍历时间阈值点，当总的错误样本数达到最小值时，该时间阈值点被认为是早期故障和故障的分割点。

然后，为了使采集的样本同时具有时间特征和空间特征，本方法将每 ω 个原始样本分成一组，作为一个整体的训练样本：

$$S^{e}(i)=[F^{e}(i+1),F^{e}(i+2),\cdots,F^{e}(i+\omega)],\quad i=0,\lambda^{e},2\lambda^{e},\cdots,p\lambda^{e} \tag{3.3}$$

其中，$S^{e}(i)$ 表示从“早期故障”阶段提取的第 i 个合并了 ω 个原始样本的训练样本；$F^{e}(k)$ 表示第 k 个原始样本（即所有 SCADA 变量在某一时刻的向量数据），$F^{e}(k)\in\mathbb{R}^{n\times1}$；$\lambda^{e}$ 表示采样间隔；$p+1$ 表示提取到的早期故障阶段训练样本的个数（即 S^{e} 的个数）。

在采集了早期故障样本后，故障阶段的样本也需要采集。与采集早期故障样本的方式类似，从故障阶段采集训练样本的公式可以表示为：

$$S^{f}(i)=[F^{f}(i+1),F^{f}(i+2),\cdots,F^{f}(i+\omega)],\quad i=0,\lambda^{f},2\lambda^{f},\cdots,q\lambda^{f} \tag{3.4}$$

其中，$S^{f}(i)$ 表示从“故障”阶段提取的第 i 个合并了 ω 个原始样本的训练样本；$q+1$ 表示提取到的故障阶段训练样本的个数（即 $S^{f}(i)$ 的个数）。

需要注意的是，S^{e} 是难样本，而 S^{f} 不是难样本。因此，早期故障数据（难样本）的采集间隔 λ^{e} 应该小于故障数据（非难样本）的采集间隔 λ^{f}，即

$$\lambda^{e}<\lambda^{f} \tag{3.5}$$

这样设置后能够保证提取到的训练样本包含了大量早期故障阶段的难样本，以及少量故障阶段的非难样本，如图 3.3 所示。最终，通过合并 S^{e} 和 S^{f} 可以得到故障数据的训练样本 H^{f}：

$$H^{f}=S^{e}\cup S^{f} \tag{3.6}$$

3.3.1.2　从正常数据中抽取训练样本

从正常数据中抽取的训练样本主要通过以下三个方面取得：

- S^{n}：接近于早期故障数据的正常数据。从本节的难样本分析可知，如图 3.3 所示，在正常的样本中，距离故障样本最近的正常样本是难样本，因此 S^{n} 作为正常数据中的难样本，用于特征映射模型的训练。提取 S^{n} 样本的方式与从早期故障样本中提取训练样本的方式相同，两者采用相同的采集间隔和相同的样本采集量。

- S^{v}：不同环境条件下的正常数据。在从正常数据提取训练样本时，需要考虑不同的环境条件。因此，此部分数据为在不同环境条件（例如不同的风速）下所提取的正常样本数据。

- S^{o}：不同操作条件下的正常数据。在从正常数据提取训练样本时，同样

需要考虑不同的操作条件。因此，此部分数据为在不同操作条件(例如限电的操作条件)下所提取的正常样本数据。

通过合并上述三类数据(S^{n} , S^{v} , S^{o})，可以得到用于训练特征映射模型所用的正常样本数据 H^{n} ：

$$H^{n} = S^{n} \cup S^{v} \cup S^{o} \tag{3.7}$$

3.3.2 训练数据的连续性优化

当使用3.3.1节提取出的合并原始样本后的训练样本(GTS)时，一个重要的问题是SCADA数据变量的排列顺序。每个GTS训练样本都是一个二维数据，包括时间维度(此维度的数据是连续的)和SCADA数据变量维度(此维度的数据可能不连续)。因此，为了使GTS训练样本的两个维度都连续，一个重要的处理过程就是调整SCADA数据变量的排列顺序，使GTS训练样本中的SCADA数据变量维度变得连续，这样后续使用卷积神经网络处理样本才能更加准确和有效。

为了达到这个目的，本节设计了一个优化算法来获取合理的SCADA数据变量排序。优化算法的目标是通过调整SCADA数据变量的顺序，使任意两个相邻的SCADA数据变量之间相关性的总和达到最大值。因此，此优化任务的目标函数可以表示为：

$$O = -\max_{\varphi} \sum_{i=1}^{n-1} PCC(D_{i+1}^{\varphi},\ D_{i}^{\varphi}) \tag{3.8}$$

其中，D_{i}^{φ} 表示在排列 φ 条件下的第 i 个SCADA数据变量；PCC 表示皮尔森相关系数，用来计算任意两个SCADA数据变量之间的相关性：

$$PCC(x,\ y) = \frac{E(xy) - E(x)E(y)}{\sqrt{E(x^{2}) - E^{2}(x)}\ \sqrt{E(y^{2}) - E^{2}(y)}} \tag{3.9}$$

本章方法使用遗传算法(genetic algorithms，GA)进行SCADA数据变量的排列优化。由于皮尔森相关系数和遗传算法具有简便和高效的特点，因此这两种方法经常用于优化数据。本章方法使用的遗传算法采用了基于顺序的交叉(crossover)组件以及基于替换的变异(mutation)[105]组件。经过优化算法的优化后，可以得到优化后的SCADA数据变量排列 φ^{*} 。依据排列 φ^{*} ，将正常训练样本 H^{n} 和故障训练样本 H^{f} 调整为：

$$\left.\begin{aligned} \hat{H}^{f} &= (H^{f})^{\varphi^{*}} \\ \hat{H}^{n} &= (H^{n})^{\varphi^{*}} \end{aligned}\right\} \tag{3.10}$$

合并优化后的正常样本和优化后的故障样本后，可以获得最终的训练样本：

$$X = \hat{H}^{f} \cup \hat{H}^{n}, \tag{3.11}$$

其中，X 表示最终的训练样本，X 由大量的难样本组成，同时配有一定量的故障样本，以及各类不同条件下的正常样本。使用 X 训练特征映射模型会使训练出的特征映射模型更加有效。

3.4　基于三元组特征映射的故障检测

本节使用两个模型来实现小样本条件下的风机故障检测。首先，使用 3.3 节提取出的训练样本训练特征映射模型，将输入数据映射到特征空间中；然后，在特征空间中建立多分类模型，实现小样本条件下的风机故障检测。

3.4.1　基于三元组的特征映射模型构建

首先构建特征映射模型。本节使用基于三元组的训练方法训练特征映射模型，将不易区分且复杂度较高的输入数据(二维数据)映射成容易区分且复杂度较低的特征向量(一维数据)。

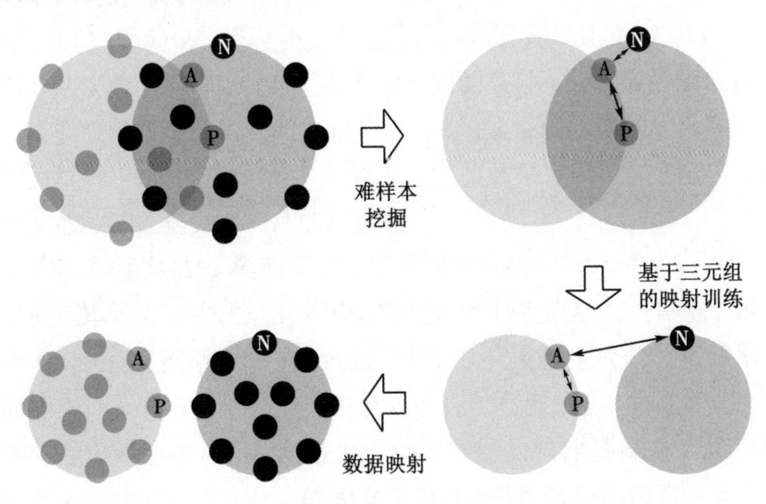

图 3.4　基于三元组训练映射模型的说明示意图

特征映射模型的训练流程描述如下：通过卷积神经网络，将二维的训练数据映射到一维的特征空间中去；在特征空间中，每一个原始的样本都会被转化成一个特征向量；然后，以基于三元组的损失函数为目标，持续更新特征映射模型，使该模型能够将同种类别数据之间的距离变短，使不同类别数据之间的距离变长。图 3.4 为使用三元组训练特征映射模型的示意图。图中，“P” 表示正样本，“A” 表示锚点样本(也是正样本)，“N” 表示负样本。通过此例可以看出，通过对特征映射模型的训练，在特征映射之后，映射模型使原来不易区分的两类数据变得容易区分了。

因此，为了训练出对风机故障检测有效的特征映射模型，本节使用 3.3 节得到的训练数据 X 进行特征映射模型的训练，图 3.5 是模型训练的流程图。

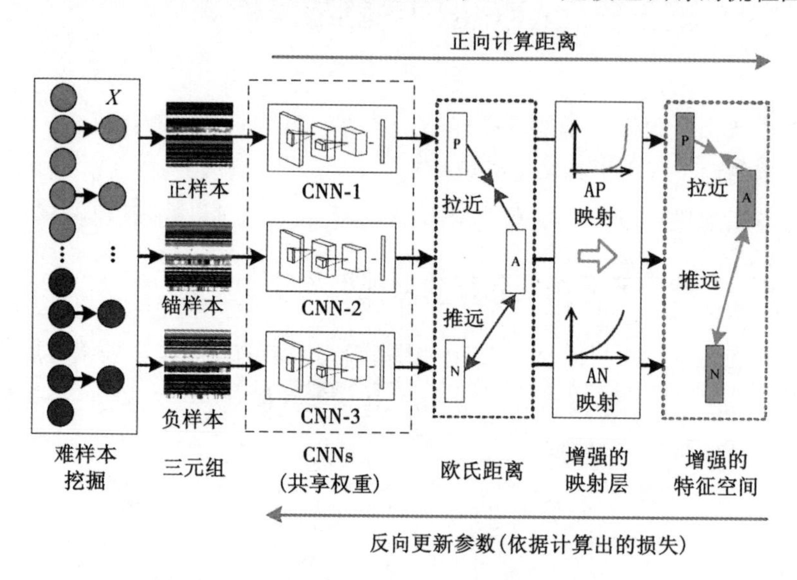

图 3.5 使用改进的三元损失训练映射模型的流程图

在基于三元组的特征映射模型训练中，训练的基本单元是三元组(triplet)。每个三元组中包含三个样本，分别是：一个正样本 x^{p} 、一个锚样本 x^{a} (同样是正样本)和一个负样本 x^{n} 。在每次模型训练的迭代中，首先从训练样本 X 中选出一个用于模型训练的三元组(三个样本)，如图 3.5 所示。然后，将选出的三个样本分别输入到三个权重共享的深度卷积神经网络中，将每个原始的输入样本 X 映射到一个 d 维的欧式特征空间中($f_{\theta}(x) \in \mathbb{R}^{d}$)，把 x 转换成 d 维的特征向量。

为了使映射后不同种类的数据变得容易区分，在特征空间中，要让同类样本 x^{A} 和 x^{N} (同为正样本)之间的距离小于异类样本 x^{A} 和 x^{P} 之间的距离：

$$D_2(x_i^{A}, x_i^{P}) + \alpha < D_2(x_i^{A}, x_i^{N}) \tag{3.12}$$

其中，α 表示距离差；$D_2(x_1, x_2)$ 表示 x_1 和 x_2 之间的欧式距离。欧式距离的计算公式可以表示如下：

$$D_2(x_1, x_2) = \| f_\theta(x_1) - f_\theta(x_2) \|_2^2 \tag{3.13}$$

其中，$f_\theta(\cdot)$ 表示有待训练的特征映射模型（即图 3.5 中共享权重的深度卷积神经网络模型）；θ 表示特征映射模型的参数。

因此，基于三元组的特征映射模型的损失函数可以表示为：

$$L_{\text{org}} = \sum_{i=1}^{N} \max[D_2(x_i^{\text{A}}, x_i^{\text{P}}) - D_2(x_i^{\text{A}}, x_i^{\text{N}}) + \alpha, 0] \tag{3.14}$$

其中，N 为每次训练迭代中三元组的个数。

为了使不同种类的风机故障变得容易区分，本节针对风机数据的特点改进了三元组的训练。受到近期一些文献[103]，[106]，[107]的启发，本章方法在三元组的训练中增加了一个新的特征映射层，并且改进了三元组的损失函数，从而使不易区分的风机故障变得容易区分。

首先，本章方法改进了特征空间中特征向量的距离计算方式。为了使模型训练更加稳定，本方法采用曼哈顿距离（Manhattan distance）取代了原始的欧式距离。曼哈顿距离的计算公式表示如下：

$$D_1(x_1, x_2) = \| f_\theta(x_1) - f_\theta(x_2) \|_1 \tag{3.15}$$

与此同时，本章方法提出了一个增强的特征映射层，使特征空间中的同类样本之间的距离变得更近，而异类样本之间的距离变得更远。此增强映射层的映射公式为：

$$\begin{aligned} k(x_1, x_2, \sigma) &= \exp\left(\frac{D_1(x_1, x_2)}{\sigma}\right) - 1 \\ &= \exp\left(\frac{\| f_\theta(x_1) - f_\theta(x_2) \|_1}{\sigma}\right) - 1 \end{aligned} \tag{3.16}$$

其中，$k(x_1, x_2, \sigma)$ 表示增强特征映射后 x_1 和 x_2 之间的距离；σ 表示缩放因子。因此，可以选择一个较大的缩放因子 σ_{AP} 来映射锚样本和正样本之间的距离，而选择一个较小的缩放因子 σ_{AN} 来映射锚样本和负样本之间的距离。图 3.6 显示了增强特征映射的示意图，从这个示例中可以看出：

① 在增强特征映射之前，锚样本与正样本之间的距离 d_{AP} 和锚样本与负样本之间的距离 d_{AN} 是相等的（均为 0.2）。

② 为了进一步缩小 d_{AP}，在增强特征映射中，使用缩放因子 σ_{AP} 来进一步

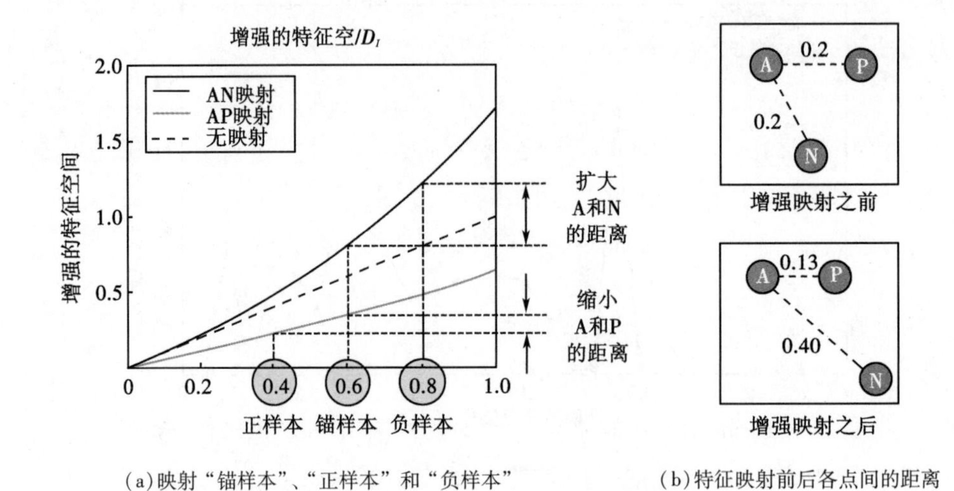

(a)映射“锚样本”、“正样本”和“负样本”　　(b)特征映射前后各点间的距离

图 3.6　加强的特征映射说明示意图

拉进锚样本和正样本之间的距离。通过进一步映射(如图 3.6 的曲线所示)，d_{AP} 的值被进一步缩小了(0.13)。

③ 为了进一步放大 d_{AN}，在增强特征映射中，使用缩放因子 σ_{AN} 来进一步推远锚样本和负样本之间的距离。通过进一步映射(如图 3.6 的曲线所示)，d_{AN} 的值被进一步放大了(0.40)。

可以看出，经过增强特征映射，d_{AN} 超过了 d_{AP}，这样会使特征映射更加有效，也会使不同种类的样本变得更加容易区分。整合了增强特征映射层之后，基于三元组的特征映射模型的损失函数 L_{wt} 可以表示为：

$$L_{wt} = \sum_{i=1}^{N} \max[k(x_i^A, x_i^P, \sigma_{AP}) - k(x_i^A, x_i^N, \sigma_{AN}) + \alpha, 0], \sigma_{AP} > \sigma_{AN} \tag{3.17}$$

其中，σ_{AP} 表示锚样本和正样本的缩放因子；σ_{AN} 表示锚样本和负样本的缩放因子。

最终，使用训练好的特征映射模型来处理风机数据，将原始的风机数据映射成特征空间中的特征向量。通过特征映射的处理，不仅降低了输入数据的复杂度，同时使不同种类的数据变得更加容易区分。

3.4.2　特征空间内的多分类器模型构建

经过特征映射之后，风机的正常数据和各类故障数据都会被映射到特征空间中，而之前难以区分的数据在特征空间上变得容易区分。本节继续在特征空间中构建用于故障识别的多分类器模型，实现风机的多故障检测。由于经过特征映射之后，原始数据的复杂度降低，同时不同种类的数据变得容易区分，因此，很多类型的多分类器模型(例如 XGBoost 模型)均可以作为最终的故障检测分类器，本章方法采用开销较小的 SVM 多分类器作为最终的故障检测分类器。

训练好多分类器模型后，即可进行完整的多风机故障实时在线检测，图 3.7 为故障检测的流程图。

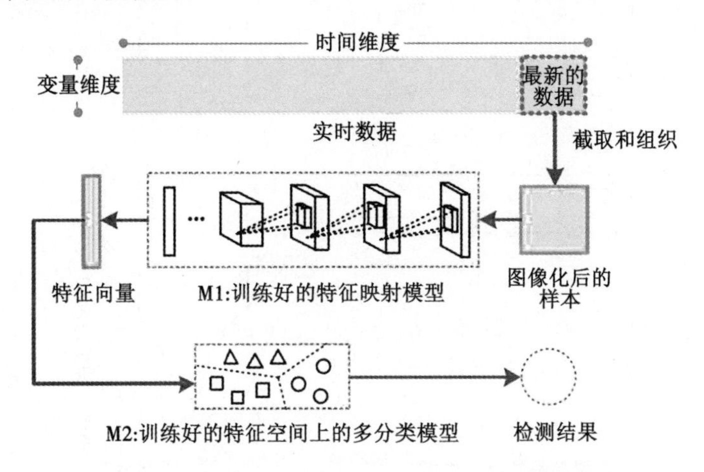

图 3.7　本章提出方法的实时故障自动检测流程图

① 准备训练好的模型。首先，通过离线的训练，得到特征映射模型(M1)和特征空间上的多分类模型(M2)。

② 采集并连续化样本数据。采集到实时数据后，将数据分组并转化成二维数据；然后根据优化好的排列重新组织样本数据，增强样本数据的连续性。

③ 特征映射。将得到的样本数据输入特征映射模型进行特征映射处理。因此，二维的输入样本数据会被映射到特征空间，形成一维的特征向量。

④ 特征空间上的故障识别。在特征空间中，使用训练好的多分类模型识别经过映射后得到的特征向量，实现最终的风机故障检测。

3.4.3　多故障检测的评价指标

为了评估风机多故障检测模型的检测效果，本章使用了一些常用的评价指标[108]来评估各个对比方法，具体如下：

① 采用“准确率(A)”、“精确率(P)”、“召回率(R)”和“F1 分数(F)”

四个评价指标来评估二分类检测模型的检测效果。

② 使用“准确率(A)”、“宏精确率(macro-P)”、“宏召回率(macro-R)”和“宏 F1 分数(macro-F)”四个评价指标来评估多分类检测模型的检测效果。

上述评价指标的数学公式表示如下：

$$A = \frac{TP + TN}{S} \tag{3.18}$$

$$\left.\begin{aligned} P &= \frac{TP}{TP + FP} \\ \text{macro-}P &= \frac{1}{n}\sum_{i=1}^{n} P_i \end{aligned}\right\} \tag{3.19}$$

$$\left.\begin{aligned} R &= \frac{TP}{TP + FN} \\ \text{macro-}R &= \frac{1}{n}\sum_{i=1}^{n} R_i \end{aligned}\right\} \tag{3.20}$$

$$\left.\begin{aligned} F &= \frac{2PR}{P + R} \\ \text{macro-}F &= \frac{2 \times \text{macro-}P \times \text{macro-}R}{\text{macro-}P + \text{macro-}R} \end{aligned}\right\} \tag{3.21}$$

其中，TP 表示正确分类的正样本数；TN 表示正确分类的负样本数；FP 表示错误分类的正样本数；FN 表示错误分类的负样本数；S 表示样本总数；n 表示数据种类数。

3.5 验证与应用

3.5.1 实验设置

本节共开展了四组对比实验，分别从“单故障检测”和“多故障检测”的角度验证本章方法检测风机故障的有效性；分别从“难样本评估”和“排除性验证”的角度验证本章方法各个部分的有效性。

表 3.2　本章实验使用的 SCADA 数据变量列表

数据名称	单位	数据名称	单位	数据名称	单位
齿轮箱油温	℃	齿轮箱转速	r/m	电网频率	Hz
齿轮箱前轴承温度	℃	风向	°	功率因子	-
齿轮箱后轴承温度	℃	风速	m/s	有功功率	kW
发动机前轴承温度	℃	转换器扭矩	N · m	无功功率	kVar
发动机后轴承温度	℃	主轴 X 方向震动	mm	电缆扭转角	(°)
发电机定子温度	℃	主轴 Y 方向震动	mm	桨叶 1 目标位置	(°)
液压油温度	℃	轮机速度	r/m	桨叶 2 目标位置	(°)
安全气缸压力	bar	AB 线电压	V	桨叶 3 目标位置	(°)
环境温度	℃	BC 线电压	V	桨叶 1 实际位置	(°)
机舱温度	℃	CA 线电压	V	桨叶 2 实际位置	(°)
齿轮箱冷却液温度	℃	A 相电压	V	桨叶 3 实际位置	(°)
发电机冷却液温度	℃	B 相电压	V	桨叶 1 速度	r/min
转换器冷却液温度	℃	C 相电压	V	桨叶 2 速度	r/min
偏航系统压力	bar	A 相电流	A	将叶 3 速度	r/min
液压系统压力	bar	B 相电流	A	-	
发电机转速	r/min	C 相电流	A	-	

实验所用的数据采自中国北部的某个风场，此风场的数据采集状况良好，所有风机的故障数据都有较为完整的记录。本实验使用了此风场为期一年的 SCADA 数据进行研究，SCADA 数据样本的采集间隔为 30s，用到的 SCADA 数据变量以及用于检测的故障种类分别列在了表 3.2 和表 3.3 中。

表 3.3　实验中使用的风机故障类型

序号	故障描述
1	控制系统软件设置故障
2	齿轮箱油温检测模块故障
3	齿轮箱温度传感器连接故障
4	机舱风扇故障
5	液压冷却系统故障

为了更好地进行实验，在故障检测之前，先对原始的 SCADA 数据进行了预处理：删除了 SCADA 数据中无效的数据样本；插补了一些缺失的数据；同时为了更好地训练机器学习模型，对每个 SCADA 变量的数据进行了归一化的处理。此外，实验针对可能存在的样本不平衡问题进行了如下处理：对于特征映射模型而言，由于在每次训练迭代中，从每类数据中提取出的用于训练的样本数量是相等的，因此本章方法中的特征映射模型的训练是样本平衡的；对于本章方

法中的多分类模型而言，由于已经将目标样本映射到了特征空间，在这里，训练特征向量的分类模型不需要大量的样本，因此这里从每类样本中选择了等量的样本来训练特征空间上多分类模型。实验中本章方法所用的超参数 ω 设置为40，原因如下：每个训练样本应该能够涵盖一定的时间范围，根据专家的经验，决定将每20min的数据合并成一个训练样本，因此 ω 的值设置为40。同时，本实验使用的计算机配置如下：CPU：Intel(R)Core(TM)i7-8750H，2.21GHz；内存容量：16GB；GPU：NVIDIA GeForce GTX 1060；硬盘容量：1TB。

本节的实验设计如下：实验1使用不同种类的风机故障检测方法检测单类风机故障，评估本章方法在检测单类风机故障方面的有效性；实验2使用不同种类的风机检测方法检测全部五类风机故障，评估本章方法在检测多类风机故障方面的有效性；实验3使用不同种类的难样本提取方法，评估本章提出的难样本挖掘方法的有效性；实验4只针对本章方法进行实验，通过分别消除本章方法的不同部分的方式，评估本章方法各个部分的有效性。

3.5.2 实验1：单故障检测实验

本节实验的目的是通过检测单一种类的风机故障，来验证本章方法在检测单风机故障方面的有效性。

在本实验中，仅使用表3.3中的故障5(液压冷却系统故障)作为检测目标。因此，故障检测模型的任务是正确地区分故障5的数据和正常的数据。为了综合地验证本章方法的有效性，本实验选择了其他六种常用的风机故障方法与本章方法进行对比。这六种方法分别是：① 反向传播神经网络方法(BPNN)，构建了一个三层结构的反向传播神经网络用以检测风机的故障；② 决策树方法(DT)，构建了一个基于回归决策树的模型进行故障的检测；③ 支持向量机方法(SVM)，构建了一个高斯核函数的支持向量机多分类器进行故障的检测；④ 随机森林方法(RF)，构建了一个拥有200棵树的随机森林来检测故障；⑤ 栈式自编码器方法(SAE)，此方法通过训练一个栈式自编码器来初始化一个前馈神经网络的初始化参数，从而检测风机的故障；⑥ 深度置信网络方法(DBN)，此方法使用深度置信网络预训练一个前馈神经网络的初始化值，然后通过此前馈神经网络来检测风机的故障。此外，为了进一步评估本章方法，本实验分别使用三种特征空间上的多分类器(SVM分类器、RF分类器、XGboost分类器)来配置本章方法，以评估不同分类器对风机故障的检测效果。

图3.8显示了七种检测方法对故障5的检测结果。由结果可以看出：① 本

章方法(包含了带有 SVM 分类器、RF 分类器和 XGboost 分类器的本章方法)无论是“准确率”还是“宏 F1 分数”都比其他六个检测方法的结果值高很多，这表明本章方法在所有的检测方法中拥有最好的检测效果；② 本章方法检测结果的“准确率”和“宏 F1 分数”的标准差也相对较低，说明本章方法的检测效果稳定，适于实际的风机故障检测。此外，使用了不同分类器的本章方法所取得的检测结果都具有较高的评价指标值：使用 SVM 分类器时，检测模型的“准确率”最高；使用 XGboost 分类器时，检测模型的“宏 F1 分数”最高。此结果表明：本章所提出的特征映射模型能够有效地使不同种类的数据变得容易区分，在风机的故障检测中起到了关键性的作用。

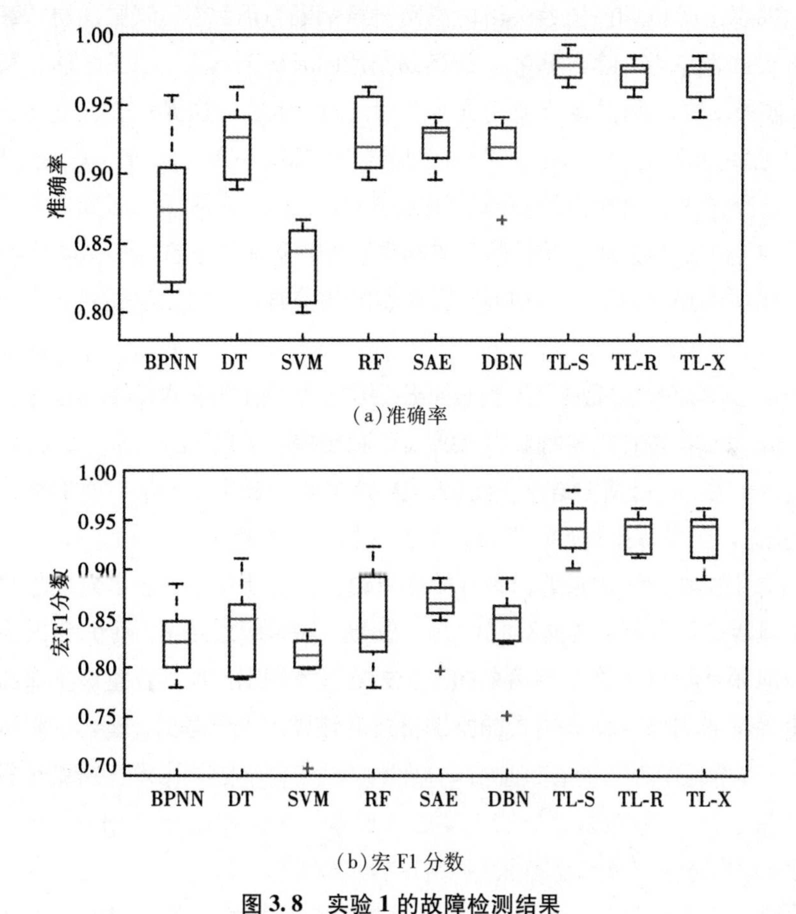

(a)准确率

(b)宏 F1 分数

图 3.8　实验 1 的故障检测结果

从本节实验的结果可以看出，本章提出的基于特征映射的小样本风机故障检测方法能够有效地检测单风机故障。

3.5.3 实验2：多故障检测实验

本节实验的目的是通过检测多个种类的风机故障，来验证本章方法在检测多风机故障方面的有效性。

本实验使用了表3.3中全部的五类风机故障来对比各类风机故障检测方法的有效性。各类检测方法的任务是正确地区分正常数据和五类故障数据。本实验采用了与实验1相同的六个对比方法与本章方法进行对比实验。

在使用本章方法进行故障检测时，首先根据改进的三元损失来训练特征映射模型，然后使用训练好的特征映射模型将输入的二维样本数据映射成特征空间中的一维特征向量，这样能够使映射后的同类样本之间的距离变近，异类样本之间的距离变远。为了更好地显示本书提出的映射模型对样本的处理效果，图3.9和图3.10分别显示了特征映射前后各个样本之间的变化。由于特征空间中的特征向量是128维的，因此本章使用了谷歌公司公开的Tensorflow映射投影工具，将128维的向量投影到了二维空间，方便数据的可视化。从图中可以看出，在特征映射之前，不同种类的样本都混杂在一起，难以区分类别；而特征映射之后，同种类的样本都聚在了一起，不同种类样本之间的距离被拉远，因此不同种类的样本变得容易区分。经过计算，在特征映射前，不同种类样本之间的平均距离与同种类样本之间的平均距离的比值是1.4，而在特征映射后，这个比值变成了2.5，这说明经过特征映射的处理后，不同种类的数据变得更加容易辨识了，也说明本章提出的特征映射方法在多风机故障的检测中起到了关键的作用。

使用各类故障检测方法对多类风机故障进行检测后，表3.4列出了各个方法的检测结果。由实验结果可以看出，本章方法的大部分评价指标的值均高于其他的检测方法。因此可以推断出，本章方法在检测多风机故障方面具有最佳的性能。同时，从实验结果中也可以看出，当使用单个模型检测多种类的风机故障时，各个检测方法的效果都有明显的下降，这意味着相对于单模型检测单故障而言，单模型检测多故障的难度要高很多。在这种情况下，从实验结果可以看出，本章方法仍能够保持较好的检测效果。

此外，为了从统计角度证明本章方法在多故障检测中的优势，本节基于多故障检测的实验结果，进行了两组假设检验实验，分别是：McNemar检验实验和Wilcoxon Signed-rank检验实验。假设检验的结果如表3.5所示，表中的PP表示本章方法。从假设检验的结果可以看出：本章方法实验结果的分布与其他

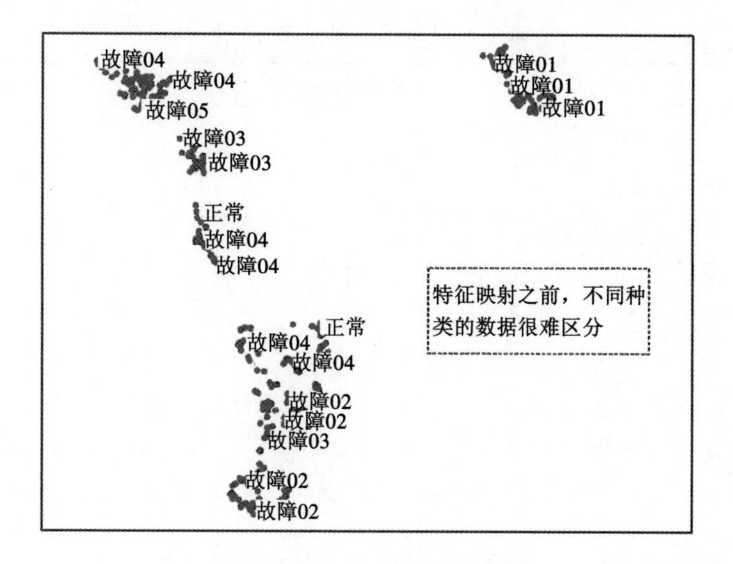

图 3.9　映射前的特征向量

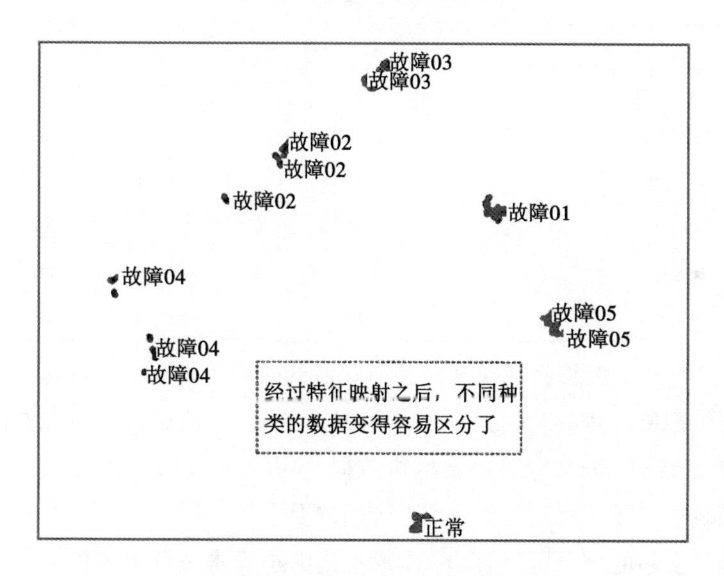

图 3.10　映射后的特征向量

六种方法实验结果的分布是不同的。因此，在此结论的基础上，结合表 3.4 的实验结果可以得出结论，本章方法检测多风机故障的效果要优于其他六种对比方法。

表 3.4　多故障检测的实验结果　%

方法	A		macro-P		macro-R		macro-F	
	Ave.	Sd.	Ave.	Sd.	Ave.	Sd.	Ave.	Sd.
BPNN 方法	71.0	3.4	66.6	5.1	75.9	2.5	70.9	3.0
DT 方法	73.1	2.5	68.0	2.5	83.5	2.4	75.0	1.9
SVM 方法	76.5	1.3	66.3	1.3	87.6	1.2	75.5	1.0
RF 方法	82.4	2.3	73.5	3.9	84.2	2.0	78.5	2.6
SAE 方法	82.6	2.5	77.4	2.2	89.4	2.5	83.0	1.9
DBN 方法	78.6	1.4	72.3	3.1	83.3	3.3	77.4	3.0
TL-S 方法	93.4	1.2	94.9	3.3	87.8	3.6	91.2	1.8
TL-R 方法	94.0	1.0	93.4	1.8	88.2	2.7	90.7	2.1
TL-X 方法	93.6	0.9	90.4	2.7	89.7	2.6	90.1	1.9

表 3.5　实验 2 的显著性假设检验结果(p 值)

对比方法	McNemar 检验	Wilcoxon Signed-rank 检验
PP/SVM	0.000	0.002
PP/DT	0.000	0.002
PP/BPNN	0.000	0.002
PP/RF	0.000	0.002
PP/SAE	0.000	0.002
PP/DBN	0.000	0.002

在本实验中，训练特征映射模型所花费的时间为 629s，训练特征空间上的多分类器模型所花费的时间为 1.39s(SVM 分类器)，测试模型所花费的时间为 1.23s。以此计算，每天处理每台风机数据的用时为 0.53s。可以看出，本章方法的开销较小，可以满足大部分实际应用的要求。

从本节实验的结果可以看出，本章提出的小样本条件下风机故障检测方法使用单模型能够有效地检测多类风机故障。

3.5.4　实验 3：难样本评估实验

本节实验的目的是通过使用多种难样本的找寻方法来收集故障检测模型的训练样本，然后进行相应的故障检测实验，验证本章提出的难样本挖掘方法在检测多风机故障方面的有效性。

本节实验的设置与实验 2 相同。实验采用了三种不同的采集方式收集用于特征映射模型训练的样本。① 随机采样法：从采集的各类样本中随机抽取训练样本训练特征映射模型；② 离线选择法：首先使用预训练模型在样本子集中计算出各个样本之间的距离[104]，然后离线挑选出那些最适合的样本来训练特征映射模型；③ 难样本挖掘方法：使用本章提出的难样本挖掘方法来选择训练样本，进行故障检测模型的训练。

图 3.11 显示了实验的对比结果。方法 1：随机采样方法；方法 2：离线选择方法；方法 3：本章提出的难样本挖掘方法。图 3.11 中标注的结果值均是经过 10 次实验后取到的平均结果值。从实验结果可以看出：① 对于使用本章提出的难样本挖掘方法挖掘出的训练样本训练出的故障检测模型，其检测结果的四个评价指标值均高于其他两个对比方法。即使用本章提出的难样本挖掘方法时，故障检测模型具有最好的检测效果。② 使用随机采样法采集的样本训练出的故障检测模型并没有取得较好的实验结果，这可能是因为通过随机选择方式采集到的训练样本对三元组的训练并没有明显的效果。③ 采用离线选择法采集样本训练出的检测模型同样取得了较好的检测效果。但是，与本章的难样本挖掘方法相比，其故障检测效果尚有一定的差距。

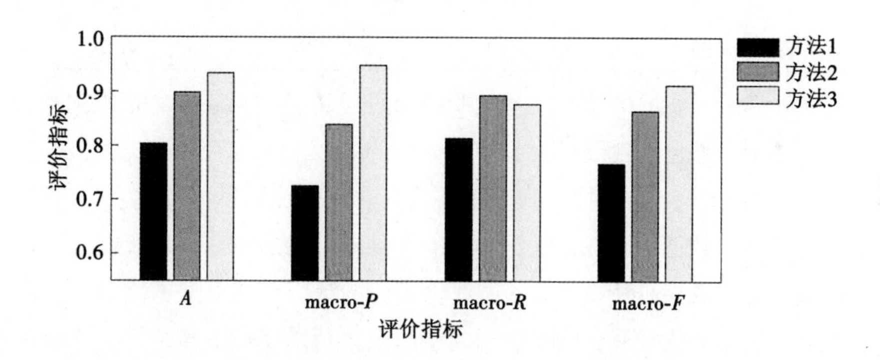

图 3.11　使用不同训练样本选择策略的故障检测结果

从本节实验的结果可以看出，本章提出难样本挖掘方法可以有效地为特征映射模型选择合理的训练样本，从而提高风机故障检测的检测精度。

3.5.5　实验 4：方法组件排除性实验

本节实验的目的是通过分别去掉本章风机故障检测方法的各个部分，来验证本章方法的每个部分对风机故障检测的有效性。

本节实验的设置与实验 3 相同，故障检测模型的任务是正确地区分正常数据和五类故障数据。实验所用的方法如下。① 去除“特征映射训练”部分的本章方法：在本章方法的基础上，不做基于三元组的映射训练。验证映射训练在检测风机故障中的必要性和有效性。② 去除“增强映射层”部分的本章方法：在本章方法的基础上，去掉本章提出的增强映射层，只用原始的映射处理样本，验证本章提出的增强映射层对风机故障检测的必要性和有效性。③ 去除“改进损失函数”部分的本章方法：在本章方法的基础上，去掉改进的损失函数，验证改进的损失函数对风机故障检测的必要性和有效性。④ 去除“训练数据优化”部分的本章方法：在本章方法的基础上，去掉对SCADA样本数据连续性的优化，验证本章提出的样本优化方法对风机故障检测的必要性和有效性。

表3.6　本章方法的单项去除实验结果　%

去除项	*A*		macro-*P*		macro-*R*		macro-*F*	
	Ave.	Sd.	Ave.	Sd.	Ave.	Sd.	Ave.	Sd.
特征映射	76.5	1.3	66.3	1.3	87.6	1.2	75.5	1.0
增强映射层	80.1	1.0	72.6	0.7	81.5	1.0	76.8	0.5
改进的损失函数	85.7	1.4	76.9	1.6	82.9	2.2	79.8	1.5
数据优化	77.1	1.3	75.4	1.5	76.4	3.3	75.9	2.4
完整方法	93.4	1.2	94.9	3.3	87.8	3.6	91.2	1.8

表3.6显示了实验的结果。从实验结果可以看出：① 去掉特征映射的训练后，故障检测模型的检测效果大幅下降：“准确率”降低了约17%，“宏F1分数”降低了约15%；② 去掉增强映射层之后，故障检测模型的效果下降明显，各个评价指标的数值平均降低了约14%；③ 去掉了改进的损失函数之后，故障检测模型的检测效果有所下降，各个评价指标的数值平均下降了约10%；④ 去掉了对训练数据的优化后，故障检测模型的效果显著下降，各个评价指标的数值平均下降了约15%。由此可以看出：本章方法中的映射训练、增强的映射层、改进的损失函数以及对训练样本的连续性优化在本章方法检测风机故障时都起到了重要的作用。缺少其中任何一个部分都会导致检测效果的明显下降，这些部分对风机故障的检测都是必要且有效的。

从本节实验的结果可以看出，实验中列出的本章方法的四个部分都对本章方法有效地检测风机故障起到了重要的作用。

3.5.6　实验总结

本节共开展了四组实验，从不同的角度验证本章方法的有效性。由实验的结果可以看出，在小样本的条件下：① 本章方法无论是检测单风机故障，还是检测多风机故障，都取得了良好的检测效果，其检测结果均好于业界常用的风机故障检测方法；② 本书提出的难样本挖掘方法、所用的特征映射训练、提出的特征训练增强映射、改进的损失函数以及对训练数据的优化都对本方法准确地检测风机故障起到了重要的作用，对本方法而言，这些部分是必要且有效的。

本章方法属于数据驱动类方法，可以广泛地用于风机故障检测，针对不同种类的风机和不同风场的风机均可以使用。① 对于同一风场中相同类型的风机，训练一次模型即可用于检测所有风机的故障；② 对于不同种类的风机或者相同种类不同风场上的风机，需要重新训练本章方法的模型，以适应不同型号的风机以及不同风场的环境。

本章方法的计算复杂度与卷积神经网络模型相似：本方法计算量最大的部分是特征映射模型，特征映射模型由三个共享权重的卷积神经网络组成，因此本方法的复杂度接近且略高于卷积神经网络。在实践中，使用本章 3.5.1 节中的计算机配置，本章方法处理一个风机一天的数据需要花费 0.53s；在方法运行时，CPU 占用率约为 30%，而 GPU 占用率约 18%。由此可以看出：本章方法在实际应用中无论是资源占用率，还是时间占用率都是很小的，可以满足实际应用对计算机硬件的要求。

3.6　本章小结

本章针对小样本条件下的风机故障检测问题，从数据映射的角度提出了一种基于难样本挖掘的三元组特征映射小样本风机故障检测方法。首先，根据风机故障的特征，提出了一种风机故障数据难样本挖掘的方法，将难以区分的早期故障数据以及与故障数据接近的正常数据提取出来作为难样本进行后续特征映射模型的训练；其次，本方法根据风机的数据特征，对风机的数据进行了优化，使每个样本无论是在时间维度，还是在数据变量维度都具备连续性，为后续基于卷积核的特征映射做好数据准备；再次，本章基于三元组的特征映射训练，提出了一种增强型的特征映射层和一种改进的三元训练损失函数来构建特征映射模型，构建好的特征映射模型可以将输入的二维数据映射成特征空间中的一维数据，同时使同类数据之间的距离变短、异类数据之间的距离变长，使各类数据在特征空间中变得容易区分；最后，本章方法在特征空间中构建了多分类模型，实现了多类风机故障的故障检测。

本章共开展了四组对比实验来验证本章方法的有效性，所有的实验均使用了真实的风机数据。实验结果表明，本章方法无论是检测风机单故障，还是检测风机多故障，其检测效果均优于对比实验中常用的风机故障检测方法。从本实验的结果可以看出，本章方法检测多风机故障的准确率高于 90%，而与之对比的其他方法的准确率最高只达到了 80%左右。此外，从四个排除性实验和难样本挖掘实验的结果可以看出，本章提出的难样本挖掘方法、增强映射层、改进的损失函数、训练样本的优化等部分均是必要且有效的。实验结果表明，本章方法可以有效地检测小样本条件下的风机故障。

第4章　基于非单值模糊推理的小样本风机故障检测

对于样本极少的风机故障，当很难从样本的角度构建有效的检测模型时，解决这类问题的一个思路是使用基于知识的人工智能方法，即利用先验知识建立识别模型从而判别风机的故障。模糊逻辑系统是典型的知识的模型，广泛地应用于各个行业中。然而，与其他行业不同的是，风机处在复杂多变的环境中，风机的数据随着环境的变化而随时变化。在这种复杂的条件下，传统的模糊逻辑系统难以针对性地检测出风机的故障。

本章依据风机的数据特征，提出了一种基于非单值模糊推理和扩展术语及规则的风机故障检测方法。将多变的风机数据转化成非单值模糊数，从而使用非单值模糊逻辑系统进行不确定性推理来检测风机的故障；此外，本章提出了一种扩展术语和规则的方法，使构建出的非单值模糊逻辑系统能够挖掘出更加详细的故障信息，因此可以定量地分析出故障的严重程度。进而从不确定推理的角度，实现小样本条件下的风机故障检测。

4.1　本章概述

在小样本条件下，解决风机的故障检测问题的另一种方案是使用基于先验知识的判别模型。在风机的故障检测中，基于知识的故障检测方法一般基于状态监测(condition monitoring, CM)技术。状态监测的基本原理是实时监控风机的各个采集数据，并判断所得数据是否在正常的范围之内。如果监测的数据超出了正常范围，那么将所监测的数据标识为异常。然后，根据异常数据的种类和数据偏差程度，结合先验知识综合判断风机故障的种类。在文献[109]中，Yang W 等提出了一种基于无监督状态监测的风机异常检测方法；在文献[110]中，Wang Z 等提出了一种基于温度数据状态监测的功率变换器模块老化故障的检测方法；在文献[84]和文献[111]中，分别针对风机发电机故障和风机齿轮箱故障，提出了基于状态监测的故障检测方法。

在基于状态监测的故障检测中，使用模糊逻辑系统进行故障识别是一类常用的方法。模糊逻辑系统是基于规则的推理系统，使用的模糊规则由两部分组成："如果"部分给出输入数据的条件；"那么"部分根据模糊规则的内容返回一个模糊输出。虽然模糊逻辑系统可以依据先验知识解决小样本的故障检测问题，但是在风机的故障检测中，此类方法存在着一些重要问题有待进一步解决：① 经典的模糊逻辑系统使用一个阶段的平均值作为输入，而风机处在多变的环境中，风机的数据时刻在变化，具有较高的不确定性，因此传统的模糊逻辑系统对风机数据的建模不够精确；② 由于传统的模糊逻辑系统的后件项(consequent term)的数量有限(例如，通常只有"正常"和"故障"两项)，因此，传统的模糊逻辑系统不能定量地测量风机故障的严重程度。

为了解决这些问题，本章提出了一种基于非单值模糊逻辑系统和扩展术语及规则的风机故障检测方法。首先，提出了一种基于风机故障检测的非单值模糊数构建方法：将预测偏差数据的概率密度函数转化为非单值输入，从而使非单值模糊逻辑系统可以用于风机的故障检测；然后，为了有效地检测风机故障，本章方法扩展了模糊逻辑系统的前件术语和后件术语，相应地也扩展了模糊逻辑系统的规则，从而可以更加精确地检测风机故障；最后，本章方法设计了故障因子，可以定量地测量故障的严重程度。

4.2 背景及问题描述

为了更好地说明基于非单值模糊逻辑系统的小样本风机故障检测方法，本章首先简单回顾模糊逻辑系统的相关背景。

4.2.1 相关背景

模糊逻辑系统是一种常用的基于知识的推理方法，基于模糊逻辑系统的风机故障检测方法通常分为三个步骤[87, 89]。

步骤1：数据预测。首先，从风机 SCADA 系统中采集到的原始数据 $D_{\mathrm{org}}(x)$(含有 n 个数据变量)可以表示为：

$$D_{\mathrm{org}}(x)=[D_{\mathrm{org}}^{1}(x),\ D_{\mathrm{org}}^{2}(x),\ \cdots,\ D_{\mathrm{org}}^{n}(x)] \tag{4.1}$$

其中，$D_{\mathrm{org}}^{i}(x)$ 表示数据 $D_{\mathrm{org}}(x)$ 中的第 i 个数据变量。风机的 SCADA 数据通常

包含了数十种数据变量[112]，例如风速、有功功率、发电机温度、齿轮箱温度等。

然后，选出与某类风机故障相关的数据变量 D_{org}^{k} ，再使用与 D_{org}^{k} 相关的数据变量预测 D_{org}^{k} 的值：

$$D_{\text{prd}}^{k}=f_{\text{predict}}\left[D_{\text{org}}^{d(1)},\ D_{\text{org}}^{d(2)},\ \cdots,\ D_{\text{org}}^{d(m)}\right] \tag{4.2}$$

其中，D_{prd}^{k} 表示 D_{org}^{k} 的预测值；$D_{\text{org}}^{d(j)}$ 表示与 D_{org}^{k} 相关的第 j 个数据变量；f_{predict} 表示预测方法，常用的预测方法主要包括基于时间序列的预测方法[113]和基于人工神经网络的预测方法[114]等。

步骤2：基于预测偏差的异常检测。使用与风机故障相关的数据 $D_{\text{org}}^{k}(x)$ ，以及对 $D_{\text{org}}^{k}(x)$ 的预测数据 $D_{\text{prd}}^{k}(x)$ ，计算预测偏差 $D^{k}(x)$ ：

$$D^{k}(x)=D_{\text{org}}^{k}(x)-D_{\text{prd}}^{k}(x) \tag{4.3}$$

然后，根据计算出的预测偏差，拟合预测偏差的概率密度函数。同时，计算出概率密度函数的上边界 B^{up} 和下边界 B^{dn} ，计算方法如下：① 先设定一个置信区间 τ ，用来标定预测偏差的正常范围；② 将置信区间左端点的值定义为下边界，将置信区间右端点的值定义为上边界。例如：如果将 τ 设置成99%，那么在概率密度曲线中，0.5%对应的值为下边界，而99.5%对应的值为上边界。据此，如果计算出的实时预测偏差值 d_{r} 大于 B^{up} ，那么此时的数据状态标记为“偏高”；如果计算出的实时预测偏差值 d_{r} 小于 B^{dn} ，那么此时的数据状态标记为“偏低”(在一些研究中，设置的区间数多于三个，例如增加了“非常高”和“非常低”等[89])。

步骤3：基于模糊逻辑系统的风机故障检测。为了检测出某类风机故障，首先从先验知识中提取出用于检测该故障的规则[98]。然后，通过异常数据的不同组合和不同状况，同时对照提取出的故障规则完成风机的故障检测。图4.1列举了一个使用传统模糊逻辑系统检测风机故障的例子。首先，提取出SCADA数据中两个数据变量(数据1和数据2)的数据，并使用与之相关的数据预测这两个变量的数据；然后，计算出预测偏差，并拟合出这两个数据预测偏差的概率密度函数，同时设定置信区间，得到上边界值和下边界值；在风机的实际运行中，某一时刻，数据1被检测为“偏高”，而数据2被检测为“偏低”(如图4.1中的箭头所指)，那么根据事先建立好的规则，将这种状况判断为故障X。

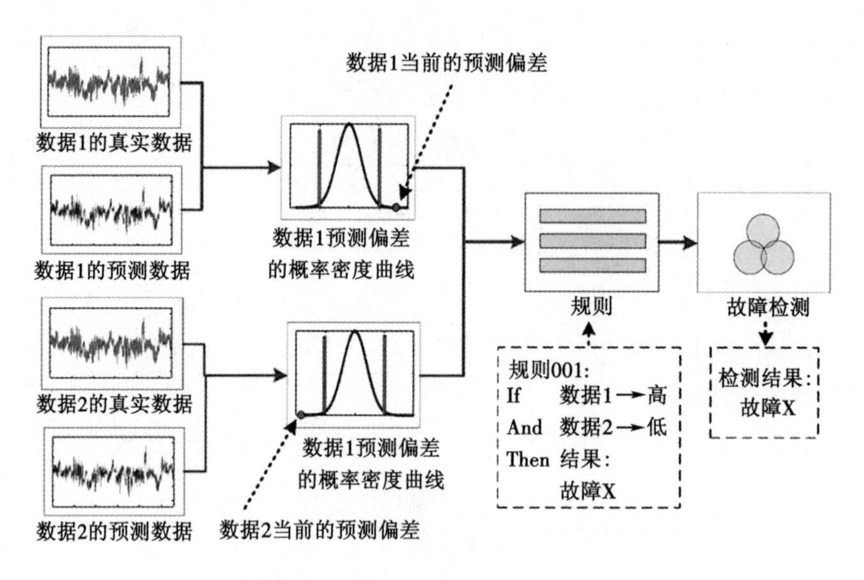

图 4.1 传统模糊逻辑系统的风机故障检测方法示意图

4.2.2 问题描述

与其他领域不同的是，风机的数据是多变的。由于受到风速等环境因素的影响，风机的数据随时都会发生较大幅度的波动和变化，因此在使用传统模糊逻辑系统进行风机的故障检测时，存在着数据建模的不准确等问题，这些问题影响了风机故障检测的效果。

第一个问题是模糊逻辑系统中的单值输入建模不准确。在传统的模糊逻辑系统中，为了减少误报警，通常使用天平均数据对模糊逻辑系统进行建模。然而，SCADA 数据的采集频率通常是 10min，这些细粒度数据的波动和变化并没有在传统的模糊逻辑系统中体现出来，这会使风机故障检测的效果变差。图 4.2 列举了一个例子。在这个例子中：齿轮箱油温是被监测的数据变量，油温数据的采集频率是 10min，即每两个数据点之间的时间间隔是 10min。图中的虚线区域是一个固定大小的时间窗，时间窗中的水平线标注了这个时间窗内的所有数据的平均值。可以发现，虽然计算出的数据平均值比上边界值低，并没有触发故障报警，但是，通过仔细地观察可以发现，时间窗中的很多点都超过了上边界值，这种情况可以被认为是一种潜在的故障，而这种潜在的故障不能被传统的模糊逻辑系统检测出来。

第二个问题是模糊逻辑系统的术语和规则数量有限。数量有限的术语和规则很难将风机故障的信息精确地提取出来。在使用模糊逻辑系统检测风机故障

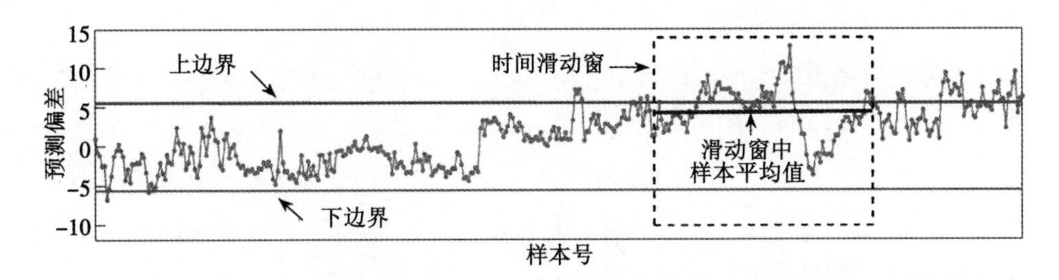

图 4.2　不能被传统模糊逻辑系统故障检测方法所检出的故障举例

时，检测规则和规则中的术语是从先验知识和专家经验中提取出来的。然而，能够从先验知识和专家经验中提取出的术语的数量往往很少，不能充分地建立风机故障检测模型。例如，在实际应用中，规则后件的术语通常只包含两项，即“正常”和“故障”。因此，传统的模糊逻辑系统很难发现风机的早期故障，也不能告知故障的严重程度。

4.3　基于非单值模糊推理的检测架构

针对使用传统模糊逻辑系统检测风机故障时存在的问题，本节提出了一种基于非单值模糊输入和扩展术语及规则的模糊逻辑系统风机故障检测方法，图 4.3 显示了本章方法的架构图。方法分为六个部分，具体描述如下：

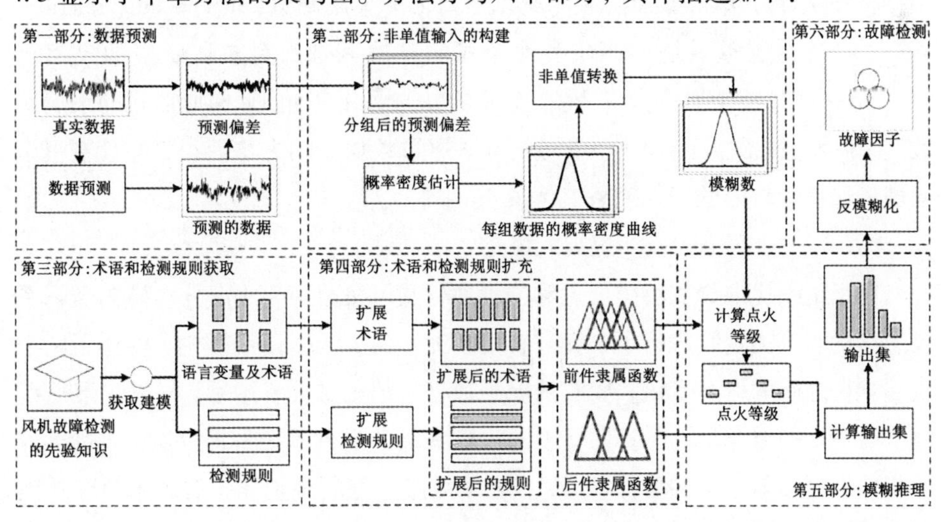

图 4.3　本章方法的架构图

第一部分：数据预测。

与传统模糊逻辑系统方法相同[89]，本章方法首先选出与故障相关的 SCADA 数据变量，并使用相关的数据变量来预测这些与故障相关的数据变量。本章方法使用的预测模型采用了应用较为广泛的人工神经元网络模型，预测模型训练完毕后，使用式(4.1)~式(4.3)计算出预测偏差，如图 4.3 虚线框中的“第一部分”所示。

第二部分：非单值输入的构建。

与传统模糊逻辑系统故障检测方法不同，本章方法将非单值模糊输入引入到了风机的故障检测中。首先将得到的预测偏差进行分组，并拟合出每一组数据的概率密度函数；然后，将得到的每组概率密度函数转化成可以用于非单值模糊逻辑系统的非单值模糊数；最后建立非单值模糊逻辑系统，进行风机故障的检测。此部分内容将在 4.4.1 节中详细介绍。

第三部分：术语和检测规则获取。

此部分内容与传统模糊逻辑系统方法相似，依据先验知识和专家的经验，提取出用于风机故障检测的语言变量和检测规则[115]。首先，获取用于检测风机故障的规则，例如，“如果 A 偏高，并且 B 偏低，那么检测结果为 X 故障”；其次，从故障检测规则中提取出语言变量和术语，例如，在上面的规则中，“A”是一个语言变量，而“偏高”“正常”“偏低”是语言变量“A”的术语；然后，根据模糊统计方法[116]，计算出每个术语对应的隶属函数(membership function, MF)。在模糊逻辑系统中，有多种形式的隶属函数，例如高斯型的隶属函数[117]、区间二型隶属函数[118]等。本章方法选择了三角形/梯形形式的隶属函数，这种类型的隶属函数简单有效，可以通过数据驱动方法获得，并且在很多领域都取得了较好的识别效果。

第四部分：术语和检测规则的扩充。

为了精细化地提取故障信息和准确地检测风机故障，此部分对模糊逻辑系统的术语和检测规则进行了扩充。首先扩充术语，依据模糊理论，构建了两个相邻术语之间的中间术语，从而扩展了前件术语的数量；然后，根据扩展后前件术语的不同组合，定义了具有不同故障等级的后件术语；相应地，通过扩展的前件术语和新定义的后件术语，扩充了故障检测的规则。扩展了术语和检测规则的模糊逻辑系统不仅可以更加精确地提取风机的故障信息，同时也可以发现早期的风机故障，能够定量地测量风机故障的严重程度。此部分内容将在

4.4.3 节中详细介绍。

第五部分：模糊推理。

此部分使用模糊推理机[119]将模糊输入集处理成相应的模糊输出集。首先，使用第二部分得到的非单值模糊输入和第四部分定义好的前件隶属函数计算出点火等级；然后，使用计算出的点火等级和后件隶属函数计算出模糊输出集，从而为后续的风机故障检测提供数据依据。

第六部分：故障检测。

传统基于模糊逻辑系统的故障检测方法通常只使用规则的输出作为最终的故障检测结果。受益于第四部分扩展的后件术语，本章方法可以更进一步地完善风机的故障检测。在此部分，本方法将模糊输出集反模糊化为清晰的输出值，并将清晰的输出值定义为故障因子，用来衡量故障的严重程度。此部分内容将在 4.4.3 节中详细介绍。

4.4　基于非单值模糊推理的故障检测

4.4.1　非单值输入的构建

与传统的单值模糊逻辑系统相比，基于非单值输入的模糊逻辑系统具有更好的模糊处理效果[119]。然而，在实际的故障检测中，由于非单值模糊输入不易构建，因此非单值模糊逻辑系统并没有得到广泛的应用。本章方法将模糊逻辑系统的非单值输入与风机故障检测中预测偏差的概率密度函数相关联，实现非单值模糊逻辑系统在风机故障检测中的应用。

非单值输入的构建方式如图 4.4 所示。首先，将得到的每个预测偏差 D^k 作为一个语言变量，并将 D^k 分成多个数据组：

$$D_t^k = [D^k(t \times p + 1), D^k(t \times p + 2), \cdots, D^k(t \times p + p)] \tag{4.4}$$

其中，t 表示 D^k 的编号，p 表示每组中的数据个数（在本方法中，p 设置为 144）。

然后，将每个分组后的组数据 D_t^k 转化成一个非单值的模糊数。与使用标量数据作为输入的单值模糊逻辑系统不同的是，非单值模糊逻辑系统使用模糊数作为基本的输入单元。依据模糊数的定义[115]，一组数据 A 能够作为模糊数，需要满足以下条件：① A 必须是一个标准的模糊集；② A 的任何一个 α 截集，α

$\in (0, 1]$，必须是闭集合；③ A 的支撑集必须是有界的。

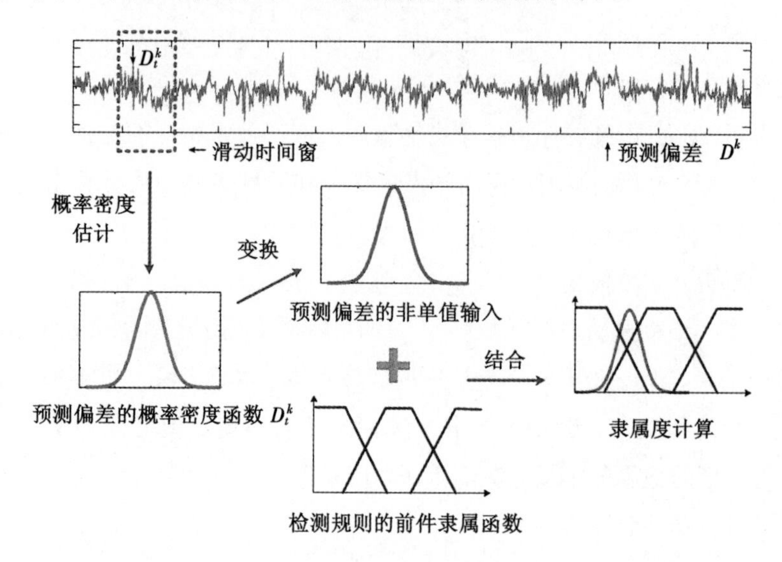

图 4.4 针对风机故障检测的非单值模糊逻辑系统流程示意图

对照上面的定义，使用本章方法得到的预测偏差组数据 D_t^k 的分布可以等价于一个正态分布，同时，D_t^k 的概率密度 f_t^k 可以通过概率密度估计的方法计算得出。因此可以发现：① f_t^k 是一个标准的模糊集；② 根据概率密度函数的定义，f_t^k 的任何一个 α 截集，$\alpha \in (0, 1]$，都是闭集合；③ 通过设置置信区间，f_t^k 都是有界的。通过以上三点可以看出，f_t^k 完全满足模糊数的定义。因此，可以使用 f_t^k 作为模糊逻辑系统的非单值输入，从而实现基于非单值模糊逻辑系统的风机故障检测。

由此，将计算出的预测偏差组数据的概率密度函数转换成模糊逻辑系统的非单值输入。首先，通过式(4.5)和式(4.6)分别计算每一个预测偏差组数据 D_t^k 内所有数据的均值 μ_t^k 和标准差 σ_t^k：

$$\mu_t^k = \text{average}(D_t^k) \tag{4.5}$$

$$\sigma_t^k = \sqrt{\frac{1}{p}\sum_{i=1}^{p} (x - \mu_t^k)^2} \tag{4.6}$$

然后，依据得到的均值 μ_t^k 和标准差 σ_t^k 计算出预测偏差数据的概率密度函数 f_t^k，并将其转换成模糊逻辑系统的非单值输入，如式(4.7)所示：

$$Fn^k(t,\ x,\ p) = f_t^k(x) = \frac{1}{\sqrt{2\pi}\sigma_t^k}\exp\left[-\frac{(x-\mu_t^k)^2}{2(\sigma_t^k)^2}\right],$$

$$x \in [t \times p + 1,\ t \times p + p] \tag{4.7}$$

因此，通过转换，得到了可以用于非单值模糊系统的模糊数 $Fn^k(t,\ x,\ p)$。为了方便表示，将式(4.7)中得到的非单值输入的模糊数简单标记为 $\mu_\theta^k(x)$：

$$\mu_\theta^k(x) = Fn^k(t,\ x,\ p) \tag{4.8}$$

使用得到的非单值模糊数，即可算出非单值模糊逻辑系统的输入集、前件集，以及用于输出集计算的点火等级。首先计算输入集，对于第 l 个规则 R^l（此规则中包含 q 个前件术语）的输入集可以通过式(4.9)计算得出：

$$\mu_\theta(x_1,\ x_2,\ \cdots,\ x_q) = \mu_\theta^1(x_1) \bigstar \mu_\theta^2(x_2) \bigstar \cdots \bigstar \mu_\theta^q(x_q) \tag{4.9}$$

其中，★ 表示最小 t 范式运算[120]。

其次计算前件集，对于第 l 个规则 R^l 的前件集可以通过式(4.10)计算得出：

$$\begin{aligned}\mu_{F^l}(x_1,\ x_2,\ \cdots,\ x_q) &= \mu_{F_1^l \times F_2^l \times \cdots \times F_q^l}(x_1,\ x_2,\ \cdots,\ x_q)\\ &= \mu_{F_1^l}(x_1) \bigstar \mu_{F_2^l}(x_2) \bigstar \cdots \bigstar \mu_{F_q^l}(x_q)\end{aligned} \tag{4.10}$$

其中，μ_{F^l} 表示前件隶属函数。

最后，使用得到的输入集 $\mu_\theta(x_1,\ x_2,\ \cdots,\ x_q)$ 和前件集 $\mu_{F^l}(x_1,\ x_2,\ \cdots,\ x_q)$ 计算出点火等级 Fl^l：

$$\begin{aligned}Fl^l = &\operatorname*{Sup}_{x_1=\min(X_1)}^{\max(X_1)}\{\mu_\theta^{(1)}(x_1) \bigstar \mu_{Fl}^{(1)}(x_1)\} \bigstar \operatorname*{Sup}_{x_2=\min(X_2)}^{\max(X_2)}\{\mu_\theta^{(2)}(x_2) \bigstar \mu_{Fl}^{(2)}(x_2)\} \bigstar \cdots\\ &\bigstar \operatorname*{Sup}_{x_q=\min(X_q)}^{\max(X_q)}\{\mu_\theta^{(q)}(x_q) \bigstar \mu_{Fl}^{(q)}(x_q)\}\end{aligned} \tag{4.11}$$

其中，X 表示输入集的取值范围。

图 4.5 为获取非单值隶属度的计算过程示例。从图中可以看到，在非单值模糊逻辑系统中，隶属度不再由单一的输入值确定，而是由输入数据的分布决定。非单值输入使计算出的隶属度能够更加精确地反映出真实的风机状况。通过对数据的精确建模和计算，非单值模糊逻辑系统可以检测出那些传统模糊逻辑系统检测不到的风机故障。

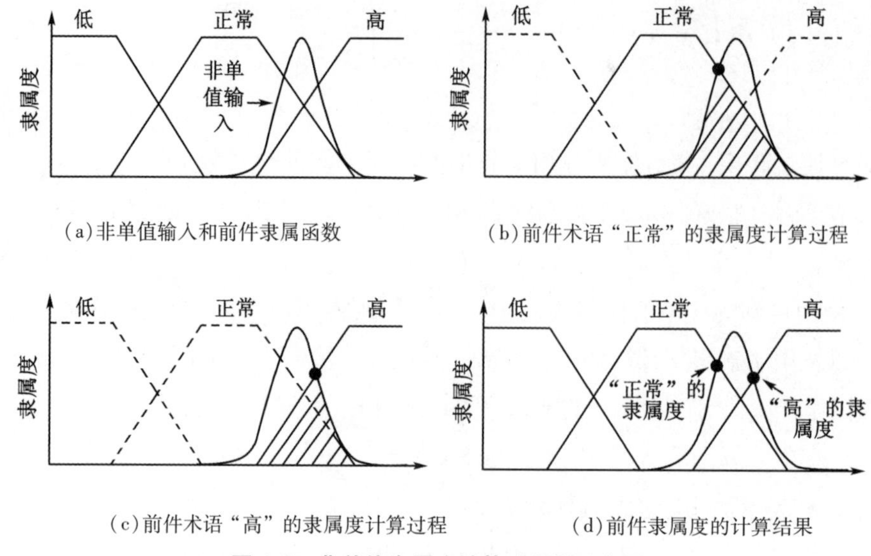

(a)非单值输入和前件隶属函数　(b)前件术语“正常”的隶属度计算过程

(c)前件术语“高”的隶属度计算过程　(d)前件隶属度的计算结果

图 4.5　非单值隶属度计算过程的示意图

4.4.2　模糊逻辑系统术语和规则的扩展

为了提升模糊逻辑系统的检测效果，本节扩展了非单值模糊逻辑系统的术语和检测规则，使其能够更加精确地检测风机故障。

数量有限的术语是限制模糊逻辑系统效果的一个主要问题。为了解决这个问题，Mendel J M 首先提出了扩展术语的基本理论[121]，该理论的主要思路是根据应用场景中术语的特点，在原始的术语上扩展出新的术语。受到这个思路的启发，本章方法提出了一种针对风机故障检测的非单值模糊逻辑系统术语和检测规则的扩展机制。

第一部分：前件术语的扩展机制。

依据术语扩展的基本理论，需要基于已有的术语来扩展新的术语。因此，本章方法的思路是使用每两个相邻的术语扩展出一个新的术语。图 4.6 显示了扩展过程的示意图。首先，使用统计方法计算出原始前件隶属函数的所有关键点(此例中的关键点为图 4.6(a)中的 P_L，P_{NL}，P_{NH} 和 P_H 四个点)；然后，标注隶属函数之间的交叉点，以及这些交叉点对应的 x 轴坐标点(此例中，这些点为图 4.6(b)中的 P_{SL} 和 P_{SH} 两个点)。在隶属函数自变量的范围中，交叉点对应的隶属度是所有点中最模糊的(以 P_{SL} 交叉点举例，此点对应的“偏低”隶属度和“正常”隶属度相等，因此这点既不是“偏低”也不是“正常”，是不确定性最高的点)。因此，基于交叉点建立新的术语，并将交叉点在新的术语中的隶属度定义为 1。然后，在交叉点处做一条垂直于 x 轴的直线，并连接原始关键点与该垂线对应隶属度为 1 的点，形成新的三角形(图 4.6(b)中虚线所围成的三角形)，此三角形被定义为扩展术语的隶属函数。在这里，将操作符 $\odot$ 定义为上述的扩展过程。那么新的术语就可以通过下式获得：

$$Tm^{\text{new}} = Tm^{\text{left}} \odot Tm^{\text{right}} \tag{4.12}$$

其中，Tm^{new} 是扩展的新术语；Tm^{left} 和 Tm^{right} 是与新术语 Tm^{new} 相邻的两个原有术语。

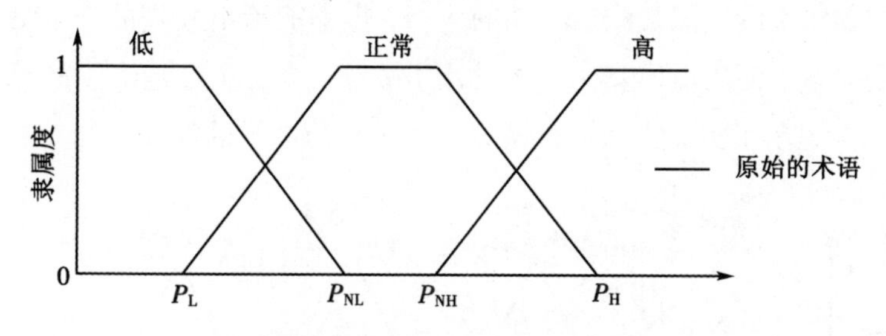

(a)扩展之前的前件术语及其对应的隶属函数

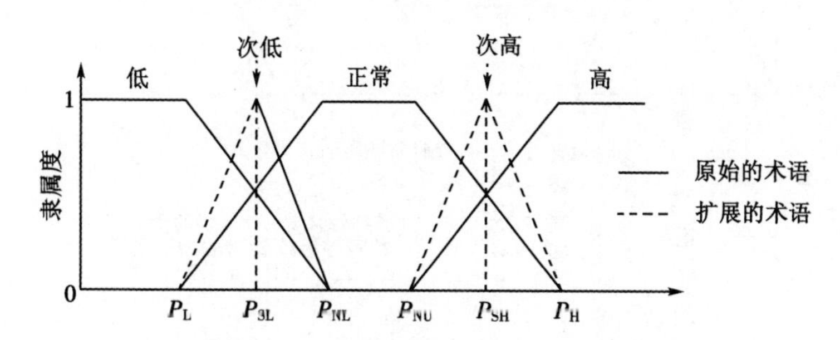

(b)扩展之后的前件术语及其对应的隶属函数

图 4.6　扩展前件术语的示例图

第二部分：扩展规则和后件术语的机制。

使用扩展的前件术语来扩展规则和后件术语。假设原始的故障检测规则 R 中有 N 个前件术语，扩展后会得到许多新的前件术语，因此，会有两种类型的前件术语，分别是原始的前件术语 Tm^{org} 和扩展后的前件术语 Tm^{exp}。通过 Tm^{org} 和 Tm^{exp} 的不同组合，会产生新的规则。

因此，如果新的规则中有 m 个原始的前件术语(相应地，将会有 $N-m$ 个扩展后的前件术语)，那么此规则的后件术语就被定义为故障等级 m。因此，在新的非单值模糊逻辑系统中，会有 $N+1$ 个故障的后件术语。通过对比可以看出，在扩展之前系统中只有一个故障等级(为“故障”)，而扩展之后产生了 N 个故障等级。术语和规则的扩展使模糊逻辑系统能够更加精细地分析故障数据，从而更加准确地检测故障。

4.4.3 模糊逻辑系统后件设计与故障检测

在传统的模糊逻辑系统检测方法中，一旦计算出了隶属度最大的后件术语(例如，“故障”或者“正常”)，故障检测就结束了。但是由于后件术语的数量有限，这样的结果既不能检测出早期的故障，也不能给出故障的详细信息。针对这些问题，本节使用反模糊化方法设计了故障因子，定量地测量故障的严重程度。图 4.7 显示了本章方法后件的设计以及故障因子的计算过程。

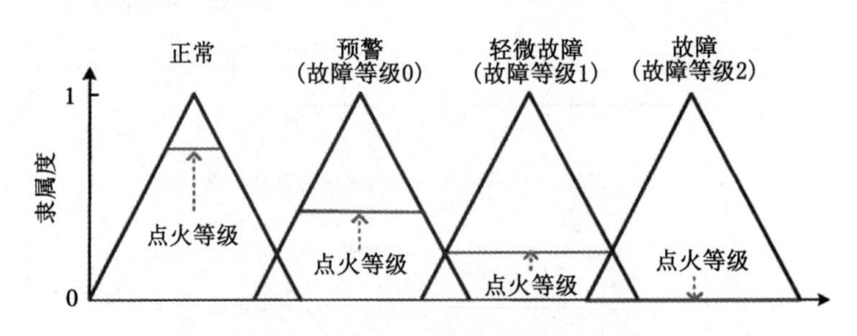

(a)设计的后件以及计算出的点火等级

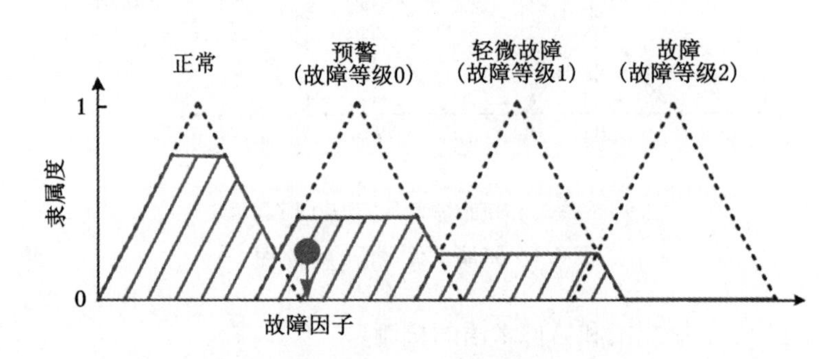

(b)合并了切顶的后件后计算出的重心(故障因子)

图 4.7 本章方法设计的后件以及故障因子计算过程示例图

首先，合并原始的后件术语 Tm^{csq} 和经过扩展得到的扩展后件术语 $Tm^{exp-csq}$，得到完整的后件术语：

$$G=[Tm^{csq}, Tm^{exp-csq}] \tag{4.13}$$

其次，使用三角形隶属函数，构建每个后件术语的隶属函数，如图 4.7(a)

所示。为了得到第 l 个规则对应的输出集，需要使用第 l 个后件术语的隶属函数与从式(4.11)计算出的第 l 个点火等级进行计算，计算如下：

$$\mu_{B^l}(\delta)=\mu_{\vartheta\circ R^l}(\delta)=\mu_{G^l}(\delta)\bigstar Fl^l \tag{4.14}$$

其中，l 表示规则的条数；R^l 表示第 l 条规则；$\mu_{B^l}(\delta)$ 表示第 l 条规则对应的输出集；ϑ 表示输入集；“$\circ$” 表示最大最小关系合成运算[120]；$\mu_{G^l}(\delta)$ 表示第 l 条规则对应后件术语的隶属函数。

然后，如图 4.7(b)所示，把在同一语言变量 lv 下不同规则对应的各个输出集 $\mu_{B^l}^{(lv)}$ 进行整合，整合如下：

$$\mu_B^{(lv)}(\delta)=\mu_{B^1}^{(lv)}(\delta)\oplus\mu_{B^2}^{(lv)}(\delta)\oplus\cdots\oplus\mu_{B^n}^{(lv)}(\delta) \tag{4.15}$$

其中，$\oplus$ 表示最大值获取运算；$\mu_B^{(lv)}(\delta)$ 表示语言变量 lv 的输出集。

最后，计算 $\mu_B^{(lv)}(\delta)$ 的重心，并将计算出重心的 x 坐标值定义为故障因子，如式(4.16)所示：

$$\hat{\delta}^{(lv)}=\frac{\sum_{i=1}^{M}\delta_i\,\mu_B^{(lv)}(\delta_i)}{\sum_{i=1}^{M}\mu_B^{(lv)}(\delta_i)},\ \delta_i\in[0,\ 100] \tag{4.16}$$

其中，$\hat{\delta}^{(lv)}$ 表示定义的故障因子；$\hat{\delta}^{(lv)}$ 的数值表示故障的严重程度。故障因子 $\hat{\delta}^{(lv)}$ 的范围定义为 0~100，$\hat{\delta}^{(lv)}$ 的值越大，表示故障越严重。

至此，本章基于非单值输入和扩展术语及规则的模糊逻辑系统风机故障检测方法构建完毕，构建过程简单总结如下：首先，使用基于人工神经网络的数据预测方法计算出监测数据的预测偏差并构建出偏差数据的概率密度函数，并使用非单值输入的构建方法得到模糊逻辑系统的非单值输入(4.4.1 节描述)；其次，通过先验知识和术语及规则的扩展机制，扩充非单值模糊逻辑系统的术语和规则(4.4.2 节描述)；然后，通过得到的非单值输入和扩展后的术语和规则，构建非单值模糊逻辑系统进行风机的故障检测；最后，通过反模糊化机制设计了故障因子，定量地测量风机故障的严重程度(4.4.3 节描述)。本章方法从不确定性推理的角度，实现了小样本条件下的风机故障检测。

4.5 验证与应用

4.5.1 实验设置

为了验证本章方法的有效性，本节共开展了四组实验，从多个角度对本章方法进行评估。本节实验使用了中国北部某风场的 SCADA 数据，该风场共有 22 个风机，所有风机均属于同一类型，风机的容量均为 2MW。实验挑选了为期两年的 SCADA 数据进行研究，数据的采样间隔为 10min。

在本实验中，本章方法采用了业界应用较为广泛的后向传播神经网络（back propagation neural network，BPNN）作为数据预测模型。此外，与同类的研究相似[89]，本章方法将 144 个数据点合成一个样本进行处理，因此一个样本对应的有效时间为一天。这样设置的理由如下：① 如果每个样本中的数据点数设置得过大，那么对风机的监测频率就会降低，进而会对故障的及时检测造成负面的影响；② 如果每个样本中的数据点数设置得过小，那么每个样本中的数据统计特性就会被削弱，进而会降低故障检测的准确度。基于以上的考虑以及业界的通用做法，本章方法采用了每个样本 144 个数据点的设置。在后续的实验中，风机故障均是从早期故障开始，随着时间的推移逐步发展为较为严重的故障。因此，故障检测模型越早地检测出故障，就越有利于对风机的整体维护。

本节的实验设计如下：实验 1 验证本章提出的模糊逻辑系统非单值输入对故障检测的有效性，分别使用单值和非单值的输入进行故障检测的对比实验；实验 2 和实验 3 分别验证本章方法对检测多输入型故障和单输入型故障的有效性；实验 4 通过加噪的方式，验证本章方法的鲁棒性。

4.5.2 实验 1：非单值输入的有效性评估实验

本实验的目的是评估本章提出的模糊逻辑系统非单值输入对风机故障检测的有效性。

2015 年 6 月，由于 12 号风机齿轮箱润滑油的老化，该风机的齿轮箱油温开始升高，居高不下的齿轮油温是齿轮箱发生进一步故障的潜在信号。为了检测这种故障，本实验将齿轮箱油温作为监测数据。

首先，使用 BPNN 方法对齿轮箱的油温数据进行预测，并将实际数据与预测数据做差，得到齿轮箱油温的预测偏差。图 4. 8(a)显示了使用历史数据计算出的齿轮箱油温的预测偏差曲线；图 4. 8(b)显示了预测偏差的概率密度曲线。其次，根据置信区间分别计算出预测偏差的上边界值(结果为 3. 71℃)和

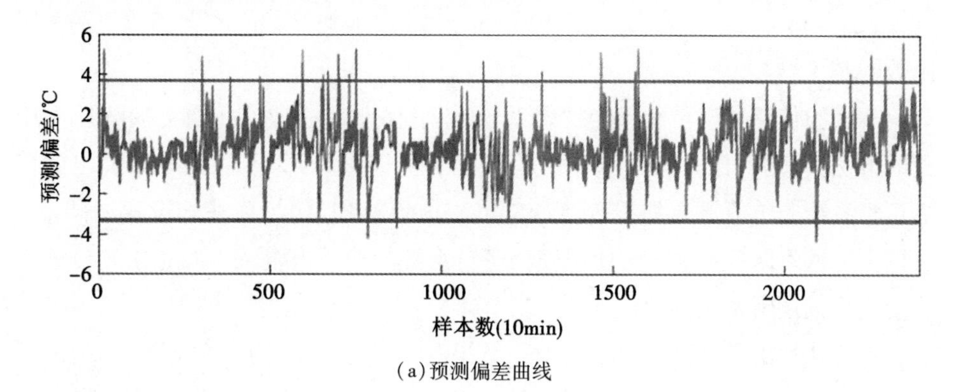

(a)预测偏差曲线

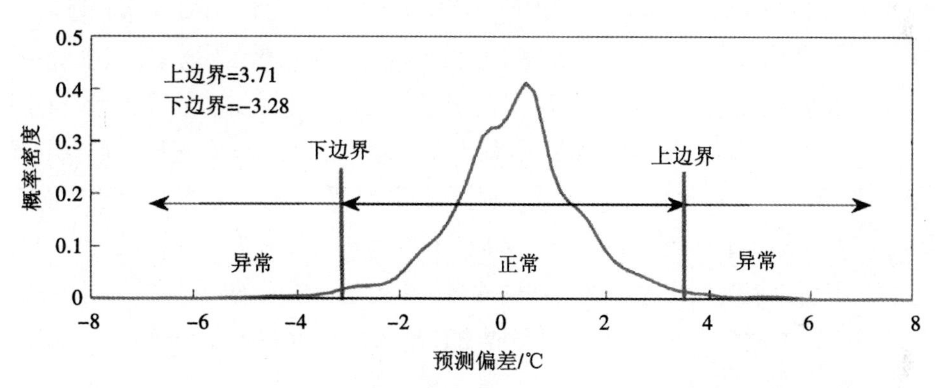

(b)预测偏差的概率密度曲线

图 4. 8　12 号风机齿轮箱油温的预测偏差以及预测偏差的概率密度曲线

下边界值(结果为-3. 28℃)；然后，使用模糊统计方法计算出三个术语对应的隶属函数，得到的隶属函数公式如下：

$$\mu_{\text{low}}(x)=\begin{cases}1 & x<-6.2966\\ -0.1698x-0.0694 & -6.2966\leqslant x<-0.4088\\ 0 & x\geqslant -0.4088\end{cases}\tag{4.17}$$

$$\mu_{\text{nml}}(x)=\begin{cases}0 & x<-6.2966\\ 0.1698x+1.0692 & -6.2966\leqslant x<-0.4088\\ 1 & -0.4088\leqslant x<0.8325\\ -0.1763x+1.146 & 0.8325\leqslant x<6.5056\\ 0 & x\geqslant 6.5056\end{cases}\tag{4.18}$$

$$\mu_{\text{high}}(x)=\begin{cases}0 & x<0.8325\\ 0.1763x-0.1468 & 0.8325\leqslant x<6.5056\\ 1 & x\geqslant 6.5056\end{cases}\tag{4.19}$$

其中，$\mu_{\text{low}}(x)$，$\mu_{\text{nml}}(x)$，$\mu_{\text{high}}(x)$ 分别表示术语“偏低”“正常”“偏高”的隶属函数。

本实验使用基于传统模糊逻辑系统的风机故障检测方法（如文献[91]中用到的方法）作为对比方法，与本章方法进行对比实验。为了验证本章提出的模糊逻辑系统非单值输入的有效性，本章方法的设置与传统方法的设置相同，只有以下一点不同：本章方法使用模糊逻辑系统的非单值输入，而对比的传统方法使用模糊逻辑系统的单值输入。

图4.9列出了这两种方法的对比结果。图4.9(a)和图4.9(c)分别列出了齿轮箱油温数据预测偏差的天平均值（APE-D）和10min平均值（APE-M）曲线图。从图中可以看出：① 对于使用了单值输入的传统模糊逻辑系统方法，预测偏差的天平均值在2015年6月24日超过了上边界，并触发了故障报警，如图4.9(b)所示。但是，在2015年6月19日到2015年6月23日这段时间，虽然偏差数据的天平均值由于数据波动剧烈的影响没有超过上边界，但是很多10min平均值超过了上边界，且有逐步上升的趋势，如图4.9(d)所示。因此，这种情况可以视为风机存在着潜在的故障，使用单值输入的传统方法并没有检测出这些潜在故障。② 对于使用了非单值输入的模糊逻辑系统方法，根据图4.9(d)所示的结果可以看出，检测的效果有了明显的提升，此故障在2015年6月19日就被检测了出来，比使用单值输入的传统方法提前5天检出了故障。

图4.10列举了一些使用非单值输入检测故障的详细过程。从图中可以看出，2015年6月15日这天，使用单值输入的传统方法计算出的偏差值（DTM）和使用非单值输入的本章方法计算出的偏差值（DPM）均低于上边界，这表明风机在这天处于正常的运行状态。到了2015年6月19日，可以看到DTM的值仍处于上边界以下，而DPM的值超过了上边界，使用非单值输入的本章方法率先检测出了该故障。其原因从图中可以看出，由于这段时间数据的波动变大，造成了非单值曲线与隶属函数的交叉点发生了较大的变化，这使得“偏高”术语的隶属度在三个术语中变成了最大，因此触发了报警并提前检测出了故障。直到2015年6月24日，DTM的值也超过了上边界，使用单值输入的传统方法也检出了该故障，比本章方法检出故障的时间晚了5天。

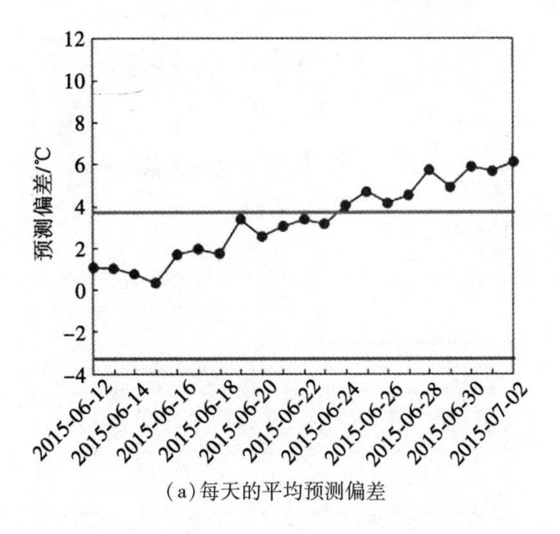

(a)每天的平均预测偏差

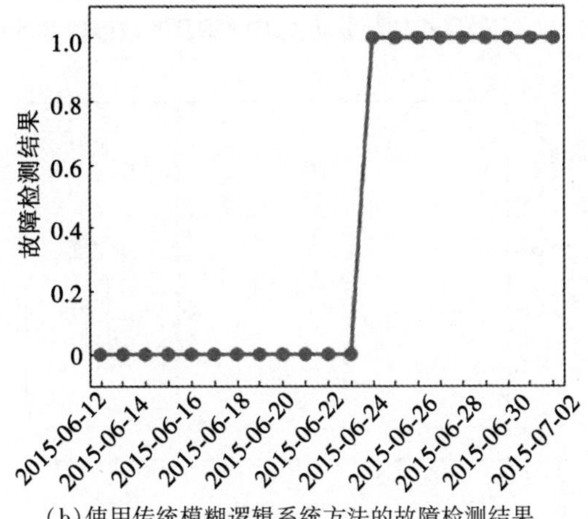

(b)使用传统模糊逻辑系统方法的故障检测结果

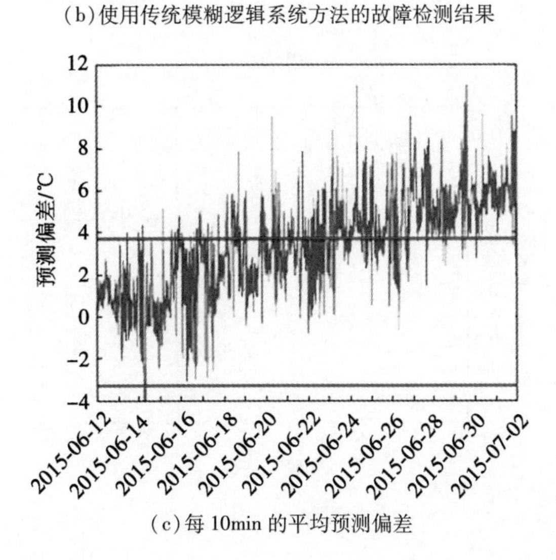

(c)每 10min 的平均预测偏差

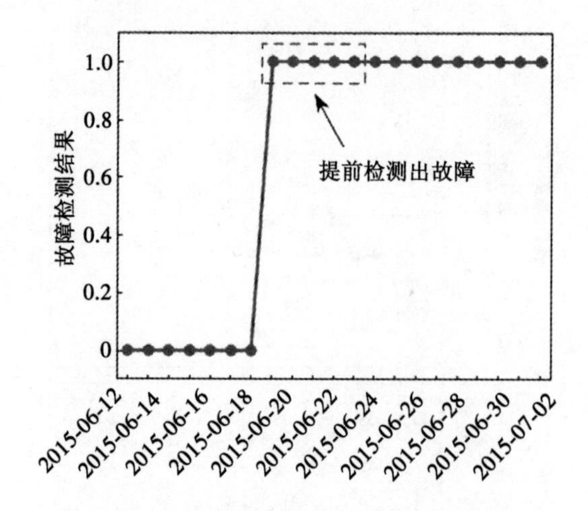

(d)使用本章非单值模糊逻辑系统方法的故障检测结果

图 4.9　12 号风机的齿轮箱油温数据及其故障检测的结果

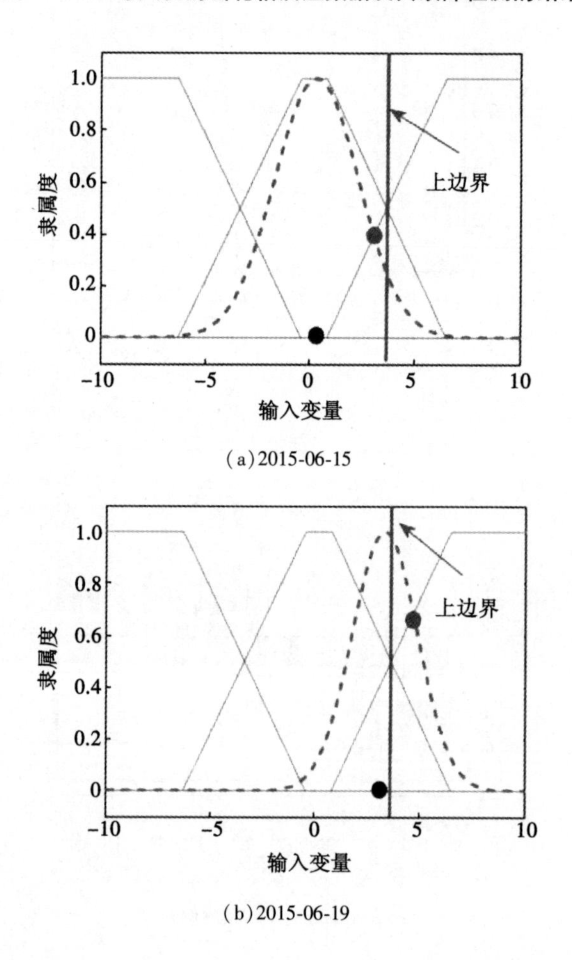

(a)2015-06-15

(b)2015-06-19

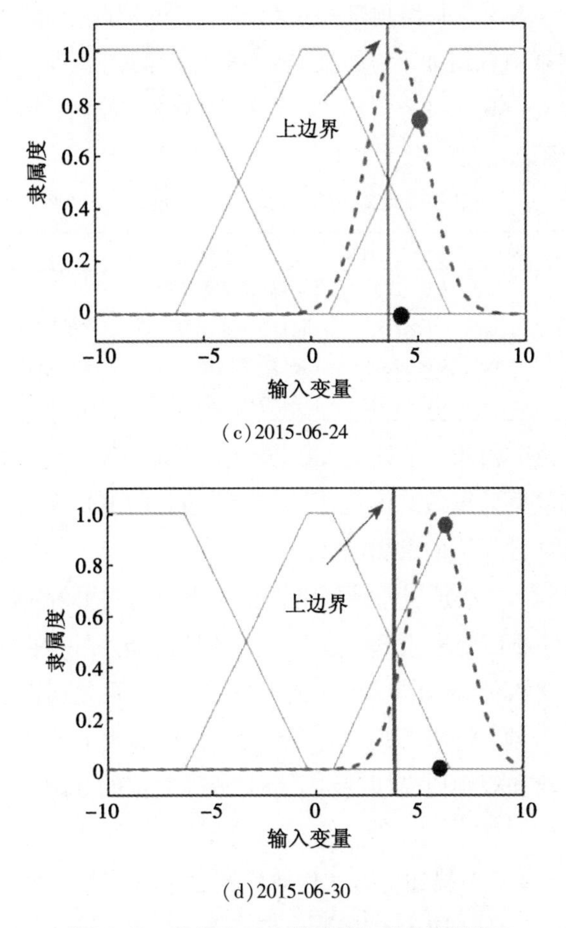

(c) 2015-06-24

(d) 2015-06-30

图 4. 10　使用非单值模糊输入的故障检测

因此，从本节实验的结果可以看出，本章提出的基于非单值输入的模糊逻辑系统方法可以更有效地检测风机的故障。

4. 5. 3　实验 2：多输入故障检测评估实验

本节实验的目的是评估本章方法检测多输入型风机故障的检测效果。本节实验的设置与实验 1 的设置相同，采用了同样的传统模糊逻辑系统检测方法与本章方法进行对比。

2015 年初，为了提高风机的散热能力，此风场所有风机的散热系统进行了升级。但是，在升级的过程中出现了一些安装问题。由于转换器的风扇没有安装妥当，导致了转换器的温度逐渐升高，影响到了风机的安全运行。由于风机内没有可以直接测量转换器温度的传感器，因此需要通过监测转换器扼流圈的温度(CCCT)和转换器控制器顶部温度(CTT)来识别此故障。依据先验知识，将此故障的检测规则总结如下：如果(转换器扼流圈的温度→高)，并且(转换器控制器顶部温度→高)，那么(结论：转换器的温度偏高，风机的散热系统存在故障)。此规则记录在了表 4.1 中。

表 4.1　实验 2 中的原始规则和扩展后的规则

	规则			规则类型
1	If(CCCT→高)	And(CCT→高)	Then 转换器温度过高(故障)	原始规则
2	If(CCCT→较高)	And(CCT→高)	Then 转换器温度过高(轻微故障)	扩展规则
3	If(CCCT→高)	And(CCT→较高)	Then 转换器温度过高(轻微故障)	扩展规则
4	If(CCCT→较高)	And(CCT→较高)	Then 转换器温度过高(警告)	扩展规则

首先，与实验 1 相同，先对输入数据 CCCT 和 CTT 进行数据预测，并使用实际数据和预测数据计算预测偏差，形成预测偏差的概率密度函数，然后通过模糊统计方法建立各术语的隶属函数。

其次，按照本章方法扩展原始的术语和检测规则。① 依据 4.4.2 节描述的方式，将每个前件语言变量的术语由 3 个(分别是“低”“正常”“高”)扩展到 5 个(分别是“低”“次低”“正常”“次高”“高”)，然后分别构建各个新术语的隶属函数；② 相应地，将原来的 1 个原始规则扩展成 4 个规则，如表 4.1 所示。这些扩展出的术语和规则使模糊逻辑系统对故障数据的处理变得更加详细和精确。

然后，依据 4.4.3 节描述的方式构建模糊逻辑系统的后件术语及其隶属函数，如图 4.11 所示。依据扩展的规则，定义四个后件术语，分别是：“正常”、

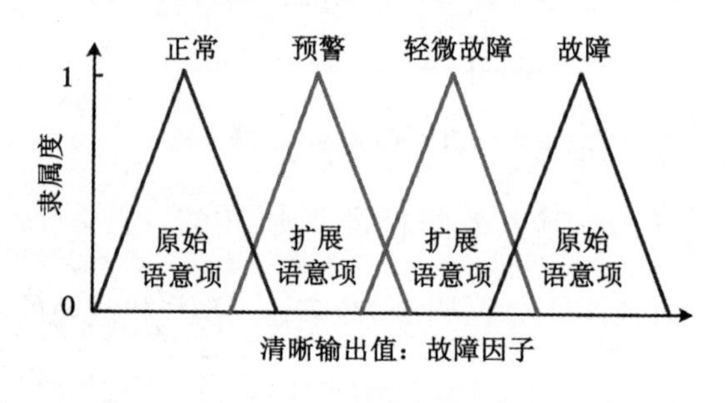

图 4.11　实验 2 的后件设计

“警告”(两个前件术语均为“次高”的情况)、“轻微故障”(两个前件术语一个为“高”另一个为“次高”的情况)、“故障”(两个前件术语均为“高”的情况)。可以发现后件的术语由原来的 2 项扩展成了 4 项，增加了模糊逻辑系统

对风机故障严重程度的判别能力。

图 4.12 显示了使用传统模糊逻辑系统方法和使用本章方法的故障检测结果。从图中可以发现，在故障发生这段时间，输入数据 CCCT 和输入数据 CTT 的预测偏差都在逐渐变大。

使用传统模糊逻辑系统方法检测该故障，在 2015 年 5 月 1 日，CCCT 的预测偏差超过了上边界，但是 CTT 的预测偏差仍保持正常，这天计算出的后件术语为“正常”，因此并没有触发故障报警。到了 2015 年 5 月 3 日，CTT 的预测偏差也超过了上边界，这天计算出的后件术语为“故障”，因此触发了故障报警，如图 4.12 中的(a)、(b)、(c)所示。然而，从数据中可以看出，从 4 月底到 5 月初这段期间，CCCT 和 CTT 的预测偏差均有上升的趋势，使用传统模糊逻辑系统方法并没有检测出这些早期的故障。

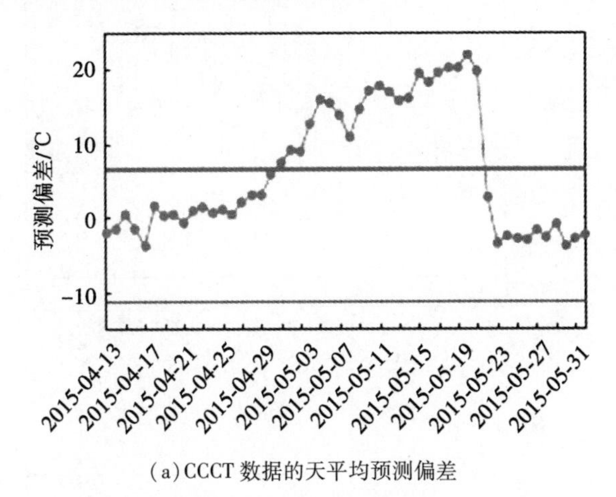

(a) CCCT 数据的天平均预测偏差

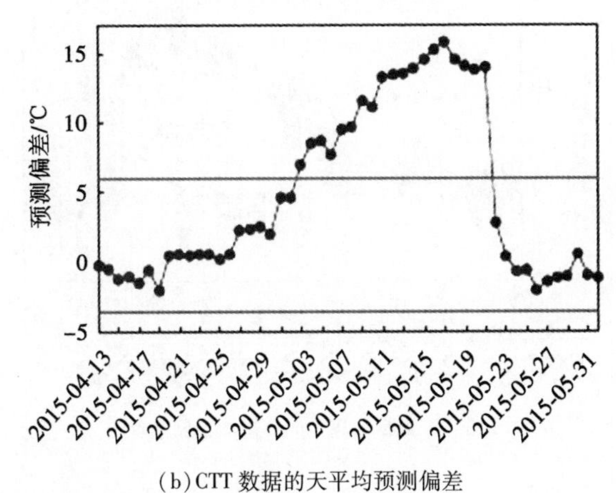

(b) CTT 数据的天平均预测偏差

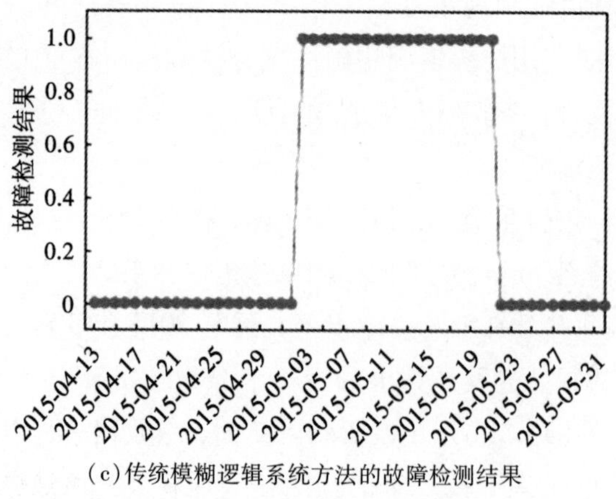

(c)传统模糊逻辑系统方法的故障检测结果

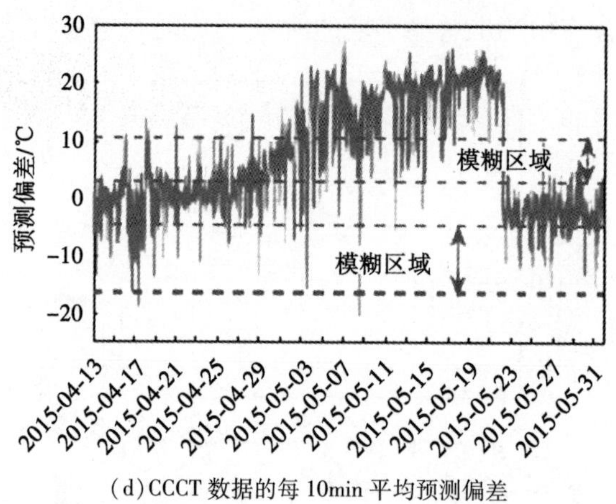

(d)CCCT 数据的每 10min 平均预测偏差

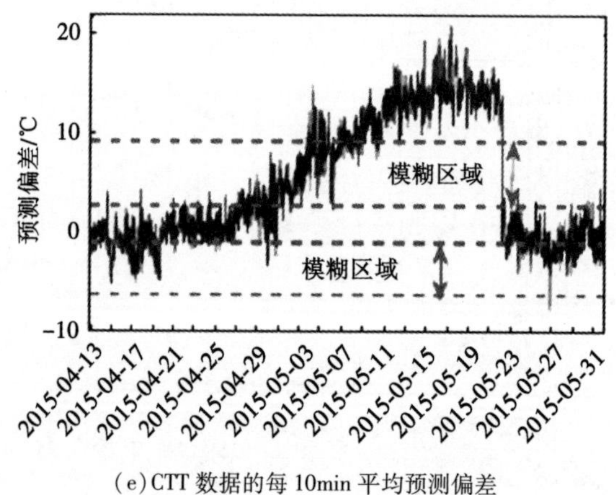

(e)CTT 数据的每 10min 平均预测偏差

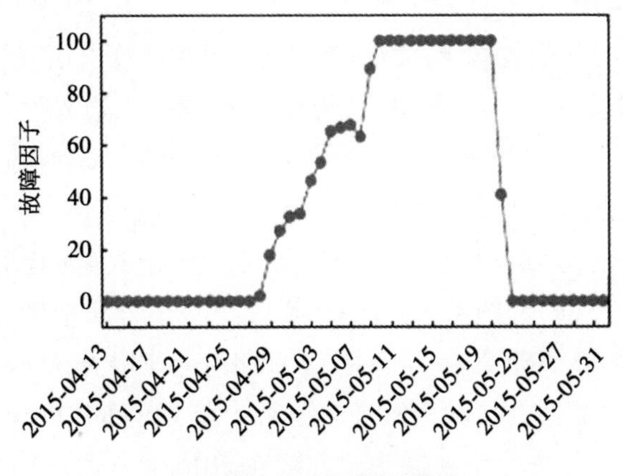

(f)本章方法的故障检测结果

图 4.12　实验 2 的监测数据及故障检测结果

与传统模糊逻辑系统检测方法不同，本章方法在模糊逻辑系统中使用非单值输入取代了单值输入，同时扩展了前件术语、后件术语以及规则，最终通过反模糊化的结果来检测风机的故障。此外，传统模糊逻辑系统检测方法通过上边界和下边界划分数据来确定风机的故障，而本章方法通过计算隶属度，运用模糊运算来确定风机的故障。从实验结果可以看出：① 使用本章方法要比使用传统模糊逻辑系统方法早 5 天检测出该故障；② 2015 年 4 月 28 日，本章方法计算出的故障因子首次高于零值，引发了报警，2015 年 4 月 28 日至 2015 年 5 月 10 日期间，故障因子的数值逐渐增加，反映了故障愈加严重的趋势。因此可以看出，本章的方法不仅能够检测出早期的风机故障，同时还可以告知故障的严重程度。

从本节的实验结果可以看出，本章方法可以有效地检测多输入类型的风机故障。

4.5.4　实验 3：单输入故障检测评估实验

本实验的目的是评估本章方法检测单输入型风机故障的检测效果。与实验 2 相似，本实验使用传统模糊逻辑系统方法与本章方法共同检测故障，通过对比来分析本章方法的有效性。

2015 年 7 月，风场 6 号风机的发电机前轴承发生老化，在几天之内，该风机的轴承温度迅速升高。到 2015 年 7 月 20 日，6 号风机由于故障严重，系统触发了保护机制自动停机。为了检测该故障，本实验对风机发电机的轴承温度数据(GFBT)进行监测。与之前几个实验相同，首先对轴承温度数据进行预测，并使用实际数据与预测数据计算出预测偏差，同时计算出预测偏差的概率密度函数；其次，通过设置置信区间得到用于检测故障的上边界值(6.24℃)和下边界值(-5.96℃)，通过模糊统计方法计算出各术语的隶属函数。然后，使用传统模糊逻辑系统方法和本章方法分别检测该故障。

图4.13显示了本实验所用的监测数据以及使用各故障检测方法得到的检测结果。从图4.13(a)和图4.13(b)中可以看出，发电机前轴承数据的预测偏差在2015年7月17日至2015年7月19日期间迅速增大。使用传统模糊逻辑系统方法和使用本章方法的检测结果如图4.13(c)和图4.13(d)所示。从检测结果可以发现：① 传统模糊逻辑系统方法在2015年7月19日检测出了该故障，比风机的故障停机时间提前了1天；② 本章方法在2015年7月17日检测出了该故障，比风机的故障停机的时间提前了3天，这表明本章方法能够更早地发现故障，减少了风机带故障作业而造成的损失。此外，本章方法提供了更详细的故障信息，在2015年7月17日至2015年7月19日期间，故障因子的数值逐渐增加，表明这几天风机的故障越来越严重。

因此，从实验的结果可以看出，与传统模糊逻辑系统方法相比：① 本章方法可以更有效地检测风机的故障；② 本章方法提出的故障因子可以更为详细地显示出故障的严重程度。

此外，为了将本章方法与更多种类的模糊逻辑系统方法相对比，本节在此增加了一组对比实验。实验的设置与实验3的第一个实验相同，本实验使用以下故障检测方法进行对比实验：① 带有单个预测模型的模糊逻辑系统方法；② 带有多个预测模型的模糊逻辑系统方法；③ 不使用非单值输入的本章方法(使用单值输入取代非单值输入)；④ 不使用术语和规则扩展的本章方法；⑤ 完整的本章方法。

表4.2列出了使用上述五个方法的故障检测结果。从结果可以看出：对于传统模糊逻辑系统方法，无论使用单个预测模型，还是使用多个预测模型，都不能有效地检测出早期的风机故障；而使用本章方法，无论是只使用非单值输入，还是只使用术语和规则的扩展，都比传统模糊逻辑方法更早地检测出风机的故障。

从本实验的结果可以看出：① 本章方法可以更加有效地检测风机故障；② 无论是本章提出的非单值输入，还是本章提出的术语和规则扩展，都对有效地检测风机故障起到了重要的作用。

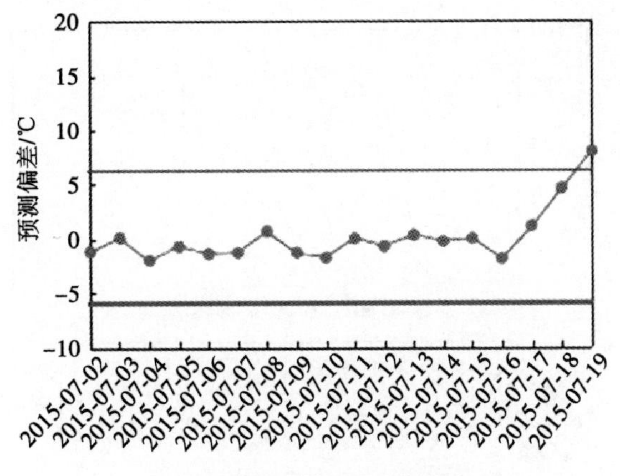

(a) GFBT 数据的天平均预测偏差

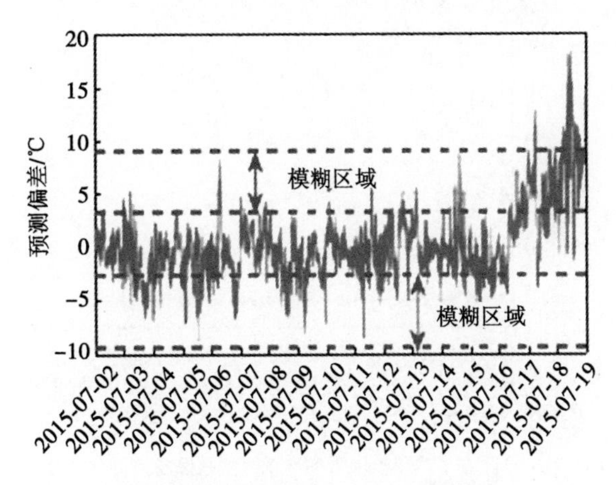

(b) GFBT 数据的每 10min 平均预测偏差

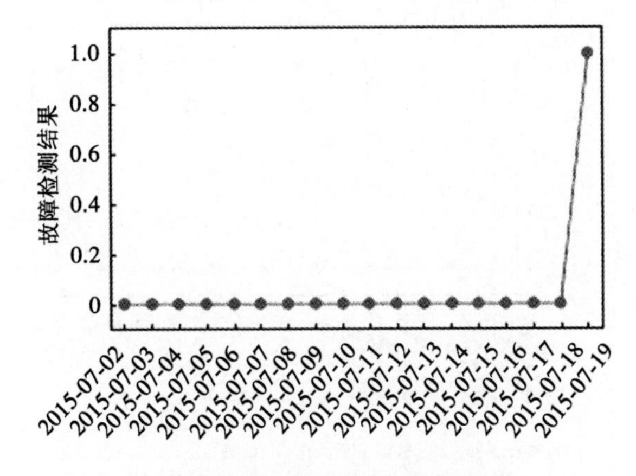

(c) 传统模糊逻辑系统方法故障检测结果

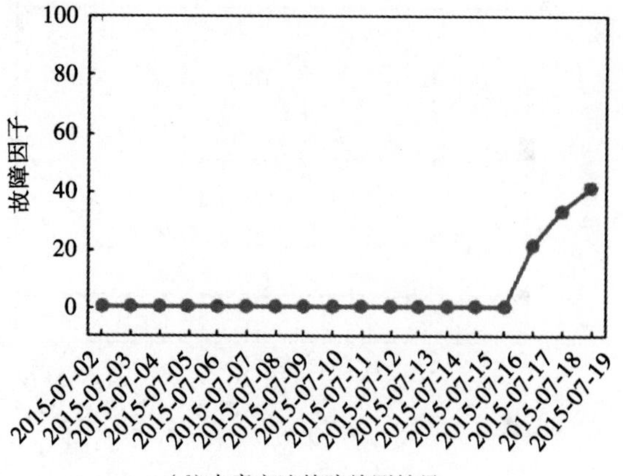

(d)本章方法故障检测结果

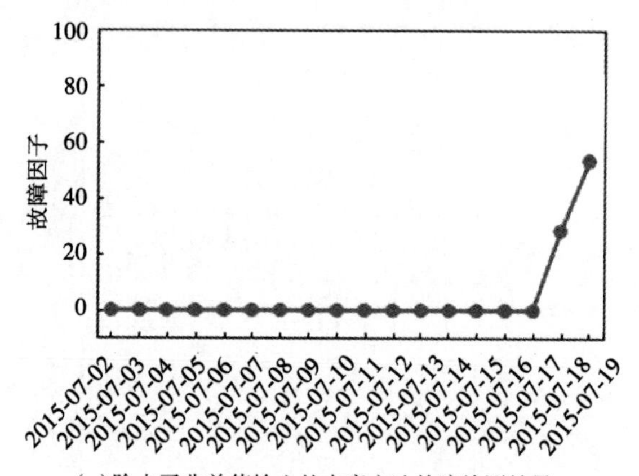

(e)除去了非单值输入的本章方法故障检测结果

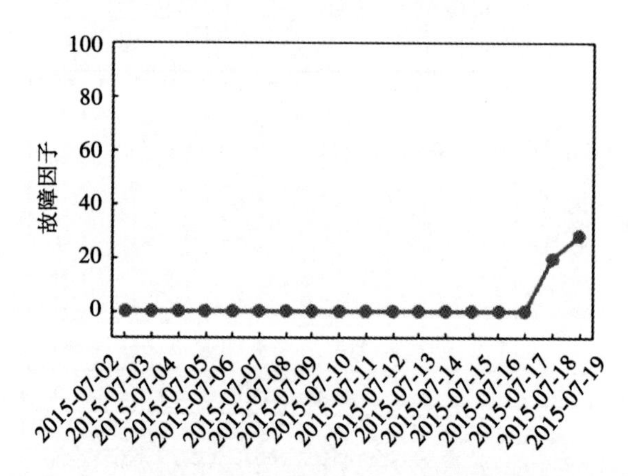

(f)除去了扩展的术语和规则的本章方法故障检测结果

图 4.13　实验 3 的监测数据及故障检测结果

表 4.2　使用不同种类模糊逻辑系统方法的实验结果

方法	检测结果
带有单个预测模型的模糊逻辑系统方法[89]	提前 1 天检出
带有多个预测模型的模糊逻辑系统方法[87]	提前 1 天检出
不使用非单值输入的本章方法	提前 2 天检出
不使用术语和规则扩展的本章方法	提前 2 天检出
完整的本章方法	提前 3 天检出

4.5.5　实验 4：鲁棒性评估实验

在工业故障检测中，鲁棒性是实际应用中一个重要的考虑因素[122-123]。鲁棒性好的模型可以提升故障的检测效率，鲁棒性差的模型会造成较多的误报警和漏报警，降低故障检测的效果。本节实验通过加噪的方式评估本章方法在检测风机故障方面的鲁棒性。

本实验的设置与实验 3 的设置相同，使用了实验 3 中的故障数据和连续 300 天的正常数据来检测本章方法误报警和漏报警的发生情况。此外，为了进一步验证本章方法的鲁棒性，本实验在原始数据上加入了不同程度的噪声，以检验本章方法的抗噪能力。首先，通过对收集到的正常数据进行测量，发现正常数据本身具有 40dB 的信噪比(signal-to-noise ratio)；然后，在此数据上分别加入不同程度的高斯白噪声，使加入噪声后数据的信噪比分别达到 35，30，25dB，图 4.14 列举了部分原始数据和加入了不同程度白噪声后的数据的对比图；最后，使用本章方法对这些数据进行故障检测。

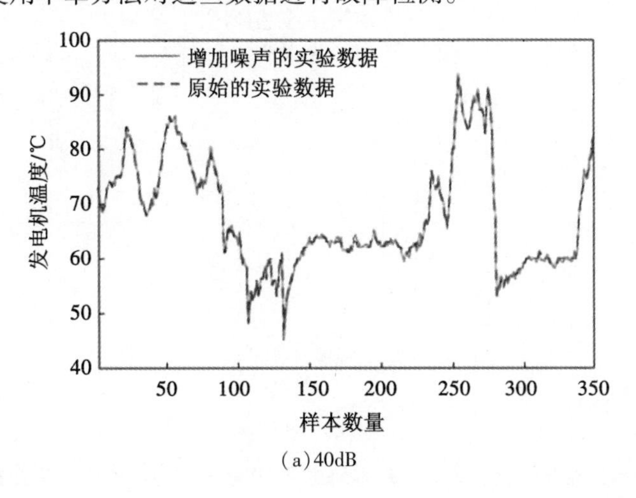

(a)40dB

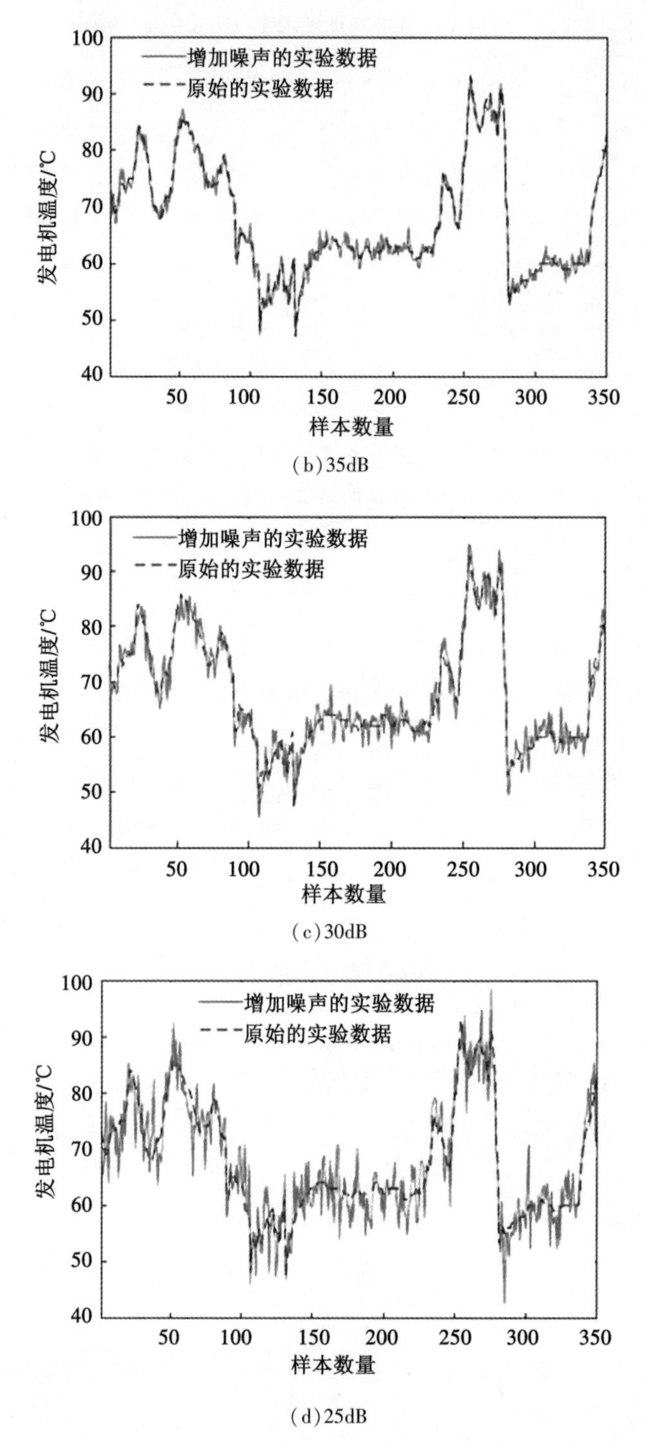

(b) 35dB

(c) 30dB

(d) 25dB

图 4.14　原始的(自身信噪比为 40dB)和增加不同噪声后的发电机温度数据(用于预测 GFBT 的一种数据)

表 4.3 列出了使用上述几组数据的故障检测结果。从实验结果中可以发现：① 当本章方法对原始的 300 天连续正常数据（未加噪声）进行故障检测时，没有发生误报警。由此可以看出，本章方法在检测风机故障时，具有较好的鲁棒性和较低的误报率。② 当本章方法处理信噪比不低于 35dB 的加噪数据时，仍没有发生误报警。由此可以看出，本章方法在检测风机故障时，具有一定的抗噪能力。③ 在实际应用中的多数情况下，监测到的数据所含有的噪声并不会像实验中的这样大，因此使用本章方法对实际的风机数据进行故障检测时，会保持较低的误报率。④ 此外，在全部的四组实验中，漏检率均为零。由此可以看出，本章提出的风机故障检测方法具有较好的鲁棒性。

表 4.3　鲁棒性实验的实验结果

检测项	信噪比/dB				
	45	40	35	30	25
误报率/%	0	0	0	10	44
漏报率/%	0	0	0	0	0

4.5.6　实验总结

为了验证本章方法在小样本条件下的风机故障检测效果，本节从不同的角度进行了四组实验对本章方法进行了评估。实验结果表明：① 与传统的模糊逻辑系统方法相比，本章方法不仅可以有效地检测出早期的风机故障，还可以定量地计算出故障的严重程度。② 由加噪鲁棒性测试的实验结果可以看出，本章方法具有较低的误报率和漏报率，具有较好的鲁棒性。本章方法能够在小样本条件下，从不确定性推理的角度稳定有效地检测出风机的故障。

本章方法属于模糊逻辑系统类别的检测方法，与其他基于模糊逻辑系统和模糊推理的方法相似，本章方法使用基于先验知识的术语和检测规则来识别风机的故障，因此本章方法可以有效地解决风机故障检测中的小样本问题。本章方法直接从先验知识入手，通过数据驱动与模糊推理相结合的方式检测风机故障，具有较高的灵活性。

本章方法的另外一个优势是，构建出的风机故障检测模型可以检测出多个种类的风机故障。在本章方法中，模糊逻辑系统规则库中的规则是可以任意设置的，设置的规则越多，可以检测到的风机故障种类就会越多。因此能够使用单模型检测出多种类的风机故障。在本节实验中，本章方法使用单个模糊逻辑系统检测出了三个不同种类的风机故障。因此，与那些单故障检测模型相比，本章方法可以有效地节省计算资源和部署成本。

4.6 本章小结

本章针对风机故障检测中的小样本问题，从不确定性推理角度提出了一种基于非单值输入和扩展术语及检测规则的模糊逻辑系统风机故障检测方法。首先，基于模糊逻辑系统的原理，本章方法将非单值模糊数应用到了风机的故障检测中，将风机监测数据预测偏差的概率密度函数转换成了模糊逻辑系统的非单值输入，从而更加准确地对风机的数据进行了建模；同时，本章提出了一种扩展模糊逻辑系统术语和检测规则的方法，扩展后的术语和检测规则使模糊逻辑系统的模糊推理更加精确，为风机的故障检测提取出更多有效的信息；最后，本章方法定义了故障因子，可以定量地测量风机故障的严重程度。

本章使用了真实的风机数据进行了四组实验，从多个角度验证了本章方法的有效性。从实验的结果可以看出，与传统模糊逻辑系统故障检测方法相比，本章方法无论是检测单输入型风机故障，还是检测多输入型风机故障，都具有更好的检测效果；同时，本章提出的模糊逻辑系统非单值输入能够更准确地对风机数据进行建模，实验结果表明，使用非单值输入可以更有效地检测出风机的早期故障；从加噪鲁棒性实验的结果可以看出，本章方法在检测风机故障时，具有较低的误报率和漏检率，鲁棒性较强、抗噪能力较好。

第5章　基于多维隶属函数的小样本风机故障检测

知识模型是检测小样本条件下风机故障的一类有效方法。在第4章中研究了数据多变条件下基于非单值模糊逻辑系统的小样本风机故障检测方法。但是在风机的故障检测中，不仅监测的风机数据是时刻变化的，周围的环境数据（例如，风速、风向、空气密度等）也在不断地变化。因此，使用知识模型应对多变环境下的风机故障检测仍是一个有待解决的难题。

本章针对风机所处的多变环境，提出了一种基于多维隶属函数和集成隶属度的风机故障检测方法。首先，针对风机所处的多变环境，提出了基于风机环境因素的多维隶属函数构建方法；其次，对不同状态的监测数据进行了分段处理，并依据环境的特征将各段数据分成四个不同的种类，并赋予了不同的权值；然后，分别计算出各段数据的隶属度，进行整体的隶属度集成；最后，构建出基于多维隶属函数的模糊逻辑系统，综合判定多变环境下的风机故障。

5.1　本章概述

在使用状态监测和知识模型方法检测风机故障时，一个重要的不稳定因素是风机所处的环境。与其他工业设备不同，风机常年暴露在可变的环境中[124]，恶劣多变的环境极大地增加了风机状态监测的不确定性。目前基于知识模型的风机故障检测方法主要存在以下几个问题：① 目前主流的知识模型方法很少考虑可变的环境因素，这会导致在环境剧烈变化的条件下，这些方法的检测效果大幅下降；② 目前主流的状态监测方法很少考虑由于环境变化而造成的风机监测数据的变化，这会降低风机故障检测的准确度，导致一些故障难以发现。

为了解决这些问题，本章提出了一种基于多维隶属函数和集成隶属度的风机故障检测方法，此方法将可变的环境数据纳入了模糊逻辑系统的建模，实现在多变环境下有效的风机故障检测。首先，根据风机多变的环境，提出了多维隶属函数的构建方法，与其他主流模糊逻辑系统不同的是，本章提出的多维隶属函数可以实时反映风机周围多种环境的变化，使状态监测更加灵活，计算出的隶属度更加准确；同时，为了清晰地反映受环境影响而变化的风机监测数据，本章提出了一种数据分段处理方法，将监测数据分成了长度不等的多个数据段，并依据数据段的特征将其分成了四种不同的类型，赋予了不同的权重；然后，计算出各数据段在多维隶属函数上的隶属度，进行统一的整合，形成集成隶属度；最后，构建基于多维隶属函数的模糊逻辑系统，综合判别风机的故障。

5.2 背景及问题描述

为了清晰地介绍本章方法，本节首先从数据流的角度回顾传统的模糊逻辑系统故障检测方法。与第 4 章介绍的内容相同，传统模糊逻辑系统故障检测方法从数据流的角度，主要分为三个部分，其流程图如图 5.1 所示。

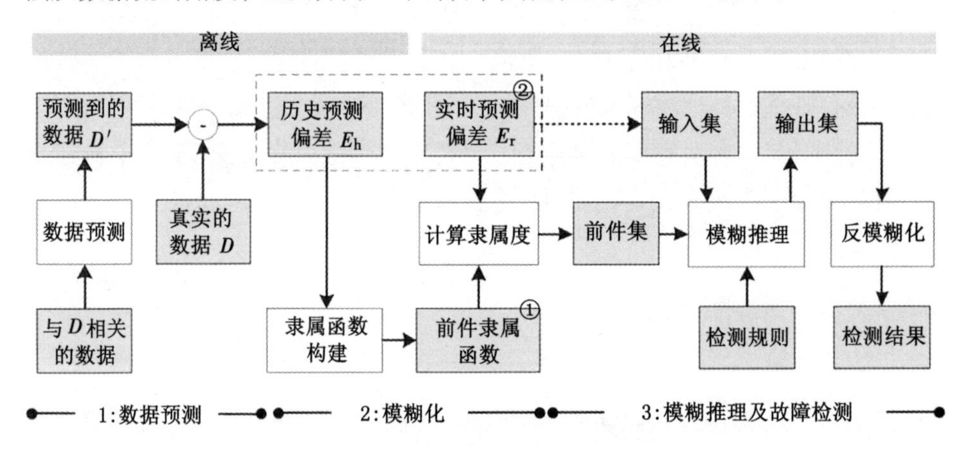

图 5.1 传统模糊逻辑系统方法的流程图

首先，计算预测偏差。基于模糊逻辑系统的风机故障检测方法一般使用监测数据的预测偏差作为模糊逻辑系统的输入。假设 $D=[D_1, D_2, \cdots, D_n]$ 为采集到的真实数据，其中 D_i 表示第 i 个数据变量(例如有功功率、风向等)。如果 D_s 是与故障相关变量，那么使用与 D_s 相关的数据来预测 D_s，得到预测数据 D'_s：

$$D'_s=f(D_C, D_H) \tag{5.1}$$

其中，D_C 表示与 D_s 相关的实时数据；D_H 表示与 D_s 相关的历史数据；f 表示预测方法。对于预测方法的选择，很多研究使用了人工神经网络方法，取得了良好的预测效果[125-126]。预测完毕后，使用预测出的数据 D_s' 计算预测偏差：

$$E_s = D_s - D_s' \tag{5.2}$$

然后，将预测偏差作为模糊逻辑系统的输入进行模糊化处理。在此，使用隶属函数将预测偏差（清晰数据）转换为模糊集（模糊数据）。首先，通过模糊统计方法使用预测偏差的历史数据 E_h 建立隶属函数；然后，使用建立好的隶属函数处理实时的预测偏差数据 E_r，将清晰的预测偏差转换为模糊前件集；同时，E_r 也作为输入集参与模糊推理，如图 5.1 所示。

最后，建立模糊逻辑系统进行故障检测。依据风机故障检测的规则建立模糊逻辑系统，并结合模糊前件集、模糊输入集计算出模糊输出集，最终检测风机的故障。这里的风机故障检测规则来自先验知识和专家经验，文献[98]中列举了很多用于检测风机故障的规则，例如："如果（转子温度==偏高）并且（机舱温度==正常）那么（检测结果：转子温度过高，故障原因：传感器故障）"。

然而，与其他设备情况不同的是，风机处于恶劣的野外环境中，多变的环境极大地影响了模糊逻辑系统对风机故障的判断。传统的模糊逻辑系统在多变的环境下检测风机故障时，存在以下几个问题：

首先，传统的模糊逻辑系统故障检测方法在所有的环境中均使用同样的隶属函数对输入数据进行模糊化，如图 5.1 中的①所示。与在稳定环境下检测故障的场景不同的是，风机所处的环境是多变的，而多变的环境对风机故障检测影响很大。图 5.2 所示为一个例子，从图中可以看出，在不同的环境下（此例中，不同环境指的是不同的风速），通过模糊统计方法得到的隶属函数之间的差异十分明显。因此，使用不同的隶属函数对应不同的环境才符合风机真实的运转情况，而传统的模糊逻辑系统风机故障检测方法不能对多变环境下的风机进行精确的建模。

其次，传统的模糊逻辑系统风机故障检测方法通常使用日平均数据作为清晰集的输入（如图 5.1 中②所示），这种做法并不能准确地反映出多变环境下风机数据的真实情况。图 5.3 所示为一个例子，图中显示了连续三天的风机有功功率数据，可以看出在这个时间段内由于环境的剧烈变化，监测到的数据出现了大幅的波动，因此，天平均数据（图中的虚线所示）不能准确地反映出风机的实际运行状态，影响了对风机故障的准确检测。

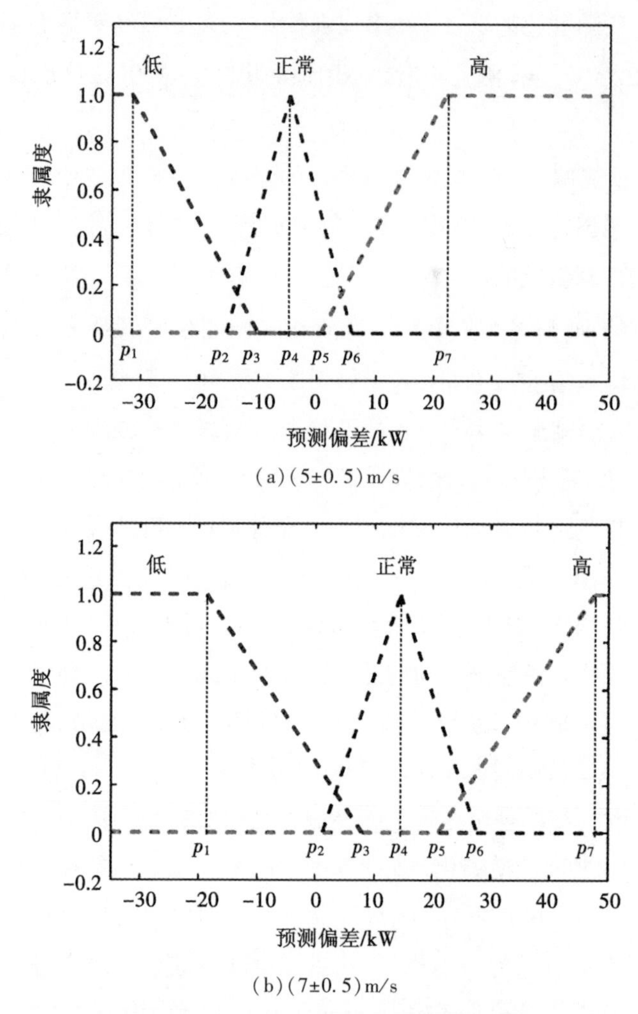

(a)(5±0.5)m/s

(b)(7±0.5)m/s

图 5.2　不同风速条件下的有功功率预测偏差的隶属度函数

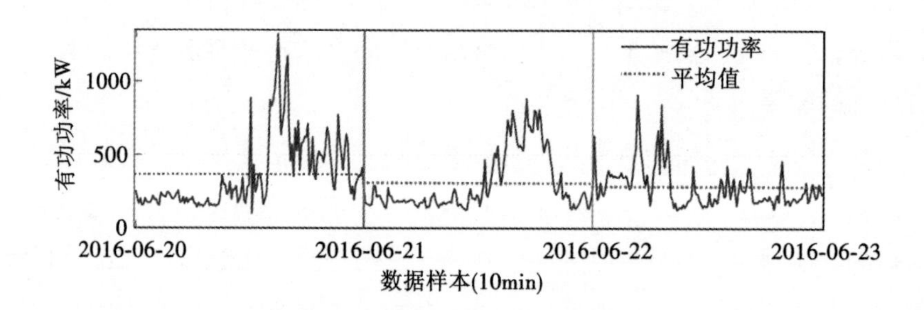

图 5.3　真实有功功率的数据

5.3　基于多维隶属函数的故障检测

为了实现多变环境下对风机故障的准确检测，本章提出了一种基于多维隶属函数和集成隶属度的风机故障检测方法。首先，针对风机所处的多变环境，定义了基于风机环境变量的多维隶属函数，将风机的可变环境在隶属函数中建模；然后，针对多变环境下风机监测数据的不同状况，提出了集成隶属度方法，将输入数据进行分段处理，并将每段数据标识成四种不同的类别，分别计算多维隶属函数下各段数据的隶属度，形成集成隶属度；最后，构建基于多维隶属函数和集成隶属度的模糊逻辑系统，实现多环境变量下的风机故障检测。

5.3.1　构建多维隶属函数

本节针对多变的风机环境，提出了针对风机故障检测的多维隶属函数，将风机的多变环境建模到模糊逻辑系统的隶属函数中，精确地检测风机的故障。

传统的模糊逻辑系统风机故障检测方法通常使用二维隶属函数。例如，图 5.2 中的“偏低”术语对应的隶属函数就是二维隶属函数(其中一维是预测偏差值，另一维是隶属度)。使用扎德(Zadeh)表示法，隶属函数可以表示为：

$$\mu_l(x) = \int_{-\infty}^{p_1} \frac{\mu_{p_1}(x)}{x} + \int_{p_1}^{p_3} \frac{\mu_{p_1p_3}(x)}{x} + \int_{p_3}^{\infty} \frac{\mu_{p_3}(x)}{x} \tag{5.3}$$

其中，x 表示预测偏差；$\mu_l(x)$ 表示隶属度；$p.$ 表示隶属函数中的关键点(例如本例中图 5.2 中的 $p_1 \sim p_7$)。为了简便表述，所有术语的隶属函数统一表示为：

$$\mu(x) = \varphi(x \mid \boldsymbol{P} = \boldsymbol{P}_0) = \varphi(x) \tag{5.4}$$

其中，$\boldsymbol{P}$ 表示隶属函数关键点的向量(例如图 5.2 中的 $p_1 \sim p_7$)。在传统模糊逻辑系统方法中，$\boldsymbol{P}$ 是常量 $\boldsymbol{P}_0$，而 $\boldsymbol{P}_0$ 可以通过模糊统计方法得到，可以表示为：

$$\boldsymbol{P}_0 = fs(x) \tag{5.5}$$

其中，fs 表示模糊统计方法。

然而，从 5.2 节中的实验和分析可以看出，如果环境发生了变化，那么对应的隶属函数也会发生变化，即

$$\varphi(x \mid \boldsymbol{P} = \boldsymbol{P}_1) \neq \varphi(x \mid \boldsymbol{P} = \boldsymbol{P}_2),\ \boldsymbol{P}_1 \neq \boldsymbol{P}_2 \tag{5.6}$$

因此，为了应对多变环境带来的负面影响，需要一个加强的隶属函数 $\mu(x,$

e) 来处理不同环境条件 e (例如，不同的风速条件) 下的输入数据 x ：

$$\mu(x, e) = \Phi(x, e) \tag{5.7}$$

其中，$\Phi(x, e)$ 表示增强的隶属函数。但是，由于环境数据变化快、环境变量种类多等因素，$\Phi(x, e)$ 不能直接通过模糊统计方法取得。为了解决这个问题，本章借鉴了数据拟合的思路[127]，通过拟合不同环境条件下的二维隶属函数，得到高维的增强型隶属函数。

首先，计算出不同固定环境下的二维隶属函数。根据式(5.4)和式(5.5)，在某个固定的环境 e_i 下，可以使用风机的历史数据通过模糊统计方法得到相应的二维隶属函数：

$$\mu(x \mid e = e_i) = \varphi(x \mid e = e_i) = \varphi(x \mid \boldsymbol{P} = \boldsymbol{P}_i) \tag{5.8}$$

其中，$\boldsymbol{P}_i$ 可以通过式(5.9)获得：

$$\boldsymbol{P}_i = fs(x \mid e = e_i) \tag{5.9}$$

然后，使用得到的各个固定环境条件下的二维隶属函数构建增强型的高维隶属函数。高维隶属函数 $\Phi(x, e)$ 是不同环境条件下所有二维隶属函数的集合，因此，$\Phi(x, e)$ 可以通过拟合不同的二维隶属函数得到：

$$\begin{aligned}\mu(x, e) = \Phi(x, e) = fit[\varphi(x \mid \boldsymbol{P} = \boldsymbol{P}_1),\\ \varphi(x \mid \boldsymbol{P} = \boldsymbol{P}_2), \cdots, \varphi(x \mid \boldsymbol{P} = \boldsymbol{P}_n)]\end{aligned} \tag{5.10}$$

其中，fit 表示拟合算法。本章使用了业界应用广泛的三次样条拟合法[128]对不同环境下的二维隶属函数进行拟合。拟合了不同环境下的二维隶属函数后，得到增强型的隶属函数 $\mu(x, e)$ 。与式(5.4)所示的传统隶属函数不同的是，增强型的隶属函数具有三个维度，分别是："输入数据维度 x "、"环境变量维度 e "以及"隶属度维度 μ "。三维隶属函数比传统的二维隶属函数多了环境变量维度，因此针对多变环境下的风机故障检测，三维隶属函数会更加准确和有效。

图 5.4 显示了生成三维隶属函数过程的示意图。首先，通过式(5.8)和式(5.9)计算出在不同环境条件下的二维隶属函数，在此例中分别列举了风速在 6，8，10m/s 条件下，功率预测偏差"偏低"术语的二维隶属函数；然后，通过拟合方法将计算出的二维隶属函数拟合成三维隶属函数，如图 5.4 所示。通过拟合多个离散的二维隶属函数，得到了连续的三维隶属函数。可以看出，在得到的三维隶属函数中，术语的隶属度不再单独由预测偏差来决定，而是由预测偏差和其所在的环境因素共同决定。

从广义的角度分析，在实际的作业中，如果有多个环境因素同时影响风机

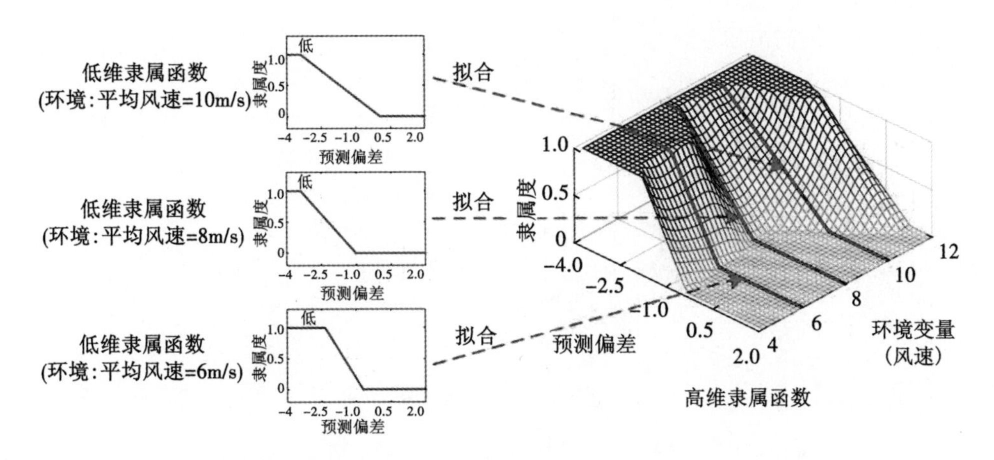

图 5.4　使用多个二维隶属函数拟合成三维隶属函数的示意图

的工作状态，那么同样可以通过多个环境变量构建高于三维的多维隶属函数。从数学角度描述，某个特定环境下的低维隶属函数可以通过式(5.11)得到：

$$\mu(x \mid \boldsymbol{E}=\boldsymbol{E}_i)=\varphi(x \mid \boldsymbol{E}=\boldsymbol{E}_i)=\varphi(x \mid \boldsymbol{P}=\boldsymbol{P}_i) \tag{5.11}$$

其中，$\boldsymbol{E}$ 表示所有环境因素的向量集合，$\boldsymbol{E}=[e_1, e_2, \cdots, e_n]$；$e_i$ 表示第 i 个环境变量(例如：风速、空气密度等)。那么，与三维隶属函数的构建方式相同，多维隶属函数可以通过拟合低维隶属函数的方式来构建：

$$\begin{aligned}\mu(x, \boldsymbol{E}) &= \boldsymbol{\Phi}(x, \boldsymbol{E}) = \boldsymbol{\Phi}[(x, e_1), (x, e_2), \cdots, (x, e_n)] \\ &= fit[\varphi(x \mid \boldsymbol{P}=\boldsymbol{P}_{11}), \cdots, \varphi(x \mid \boldsymbol{P}=\boldsymbol{P}_{1m}), \\ &\quad \varphi(x \mid \boldsymbol{P}=\boldsymbol{P}_{21}), \cdots, \varphi(x \mid \boldsymbol{P}=\boldsymbol{P}_{2m}), \\ &\quad \cdots, \\ &\quad \varphi(x \mid \boldsymbol{P}=\boldsymbol{P}_{n1}), \cdots, \varphi(x \mid \boldsymbol{P}=\boldsymbol{P}_{nm})]\end{aligned} \tag{5.12}$$

其中，P_{ij} 表示在第 i 个环境变量下的第 j 个子环境变量的参数。因此，多维隶属函数可以使用扎德表示法表示为：

$$\mu(x, \boldsymbol{E}) = \int_{E_1} \frac{\mu_{E_1}(x)}{x} \mathrm{d}x + \int_{E_2} \frac{\mu_{E_2}(x)}{x} \mathrm{d}x + \cdots + \int_{E_n} \frac{\mu_{E_n}(x)}{x} \mathrm{d}x \tag{5.13}$$

图 5.5 是某风机有功功率预测偏差的三维隶属函数的示例，此例中分别用三维图和二维图显示了风机有功功率偏差的“偏低”、“正常”和“偏高”三个术语的三维隶属函数。

与传统模糊逻辑系统中的二维隶属函数相比，本节构建的多维隶属函数融合了多变的环境因素，因此会更加精确地反映出风机的运行状态，从而更加准确地检测风机的故障。

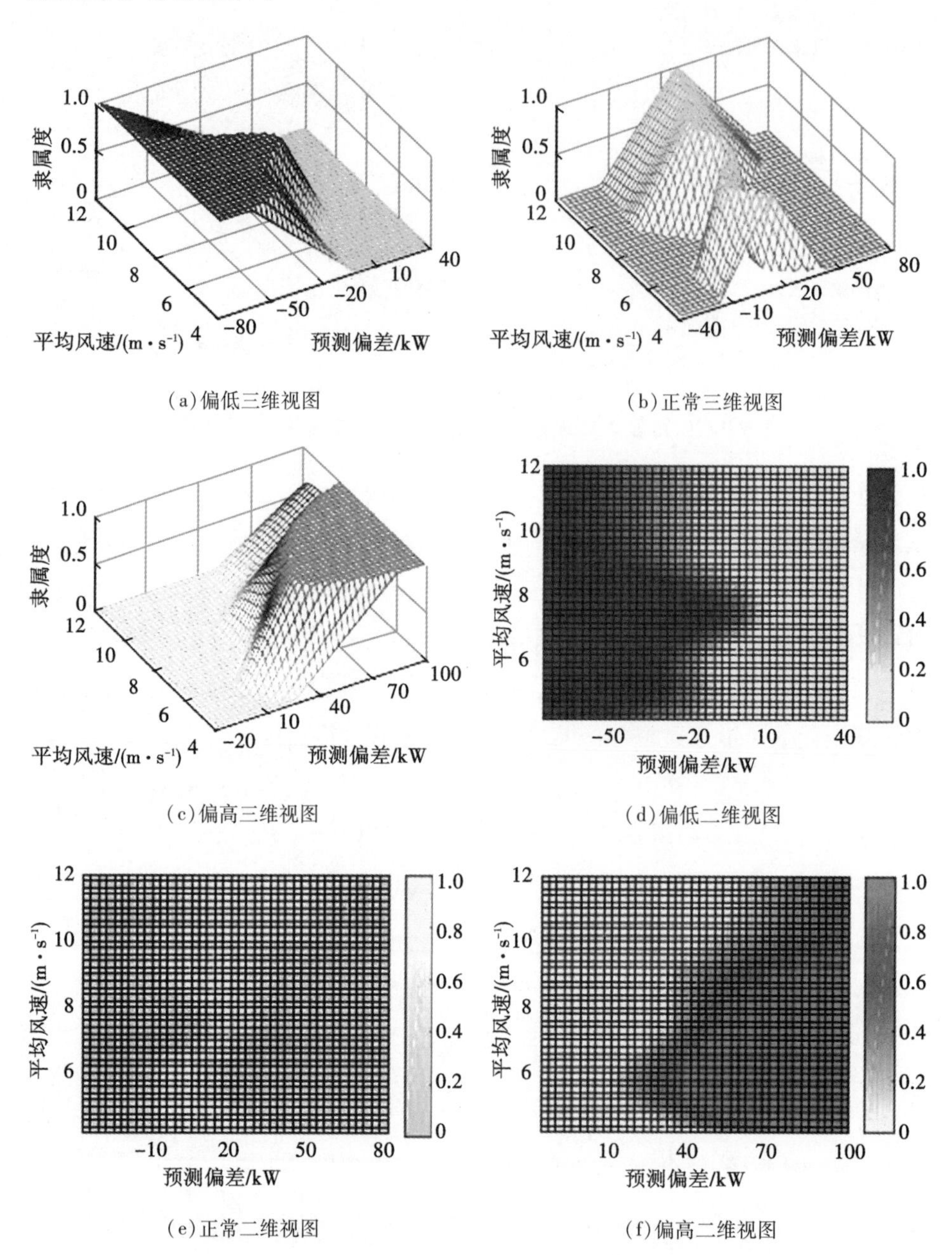

(a)偏低三维视图

(b)正常三维视图

(c)偏高三维视图

(d)偏低二维视图

(e)正常二维视图

(f)偏高二维视图

图 5.5　某风机的有功功率预测误差的三维隶属函数示例

5.3.2　隶属度集成方法

本节针对风机自身的监测数据随着环境的变化而变化的特点，提出了风机故障检测的集成隶属度方法，使风机的故障检测更加准确和灵活。图 5.6 显示了隶属度集成方法的流程图，分为“数据分段处理”、“数据类型定义”、“数据权重分配”和“隶属度集成”四个部分。

5.3.2.1　数据分段处理

为了精确地分析受多变环境影响的风机自身监测数据，本方法不再使用传统的天平均数据（如 5.2 节所述）进行模糊推理，而是将一天中的数据分割成长度不相等的多个数据段分别进行处理，如图 5.6 所示。首先设置数据最小长度的阈值 γ，然后依据 γ 将输入的预测偏差数据 D_m 进行等分处理，如式（5.14）所示：

$$D_m = [D_\gamma^1, D_\gamma^2, \cdots, D_\gamma^k] \tag{5.14}$$

其中，m 表示预测偏差数据 D_m 的长度；k 表示数据分段后的组号，$m = \gamma \times k$。经过分组后，输入数据被分成长度相等的多个数据段。

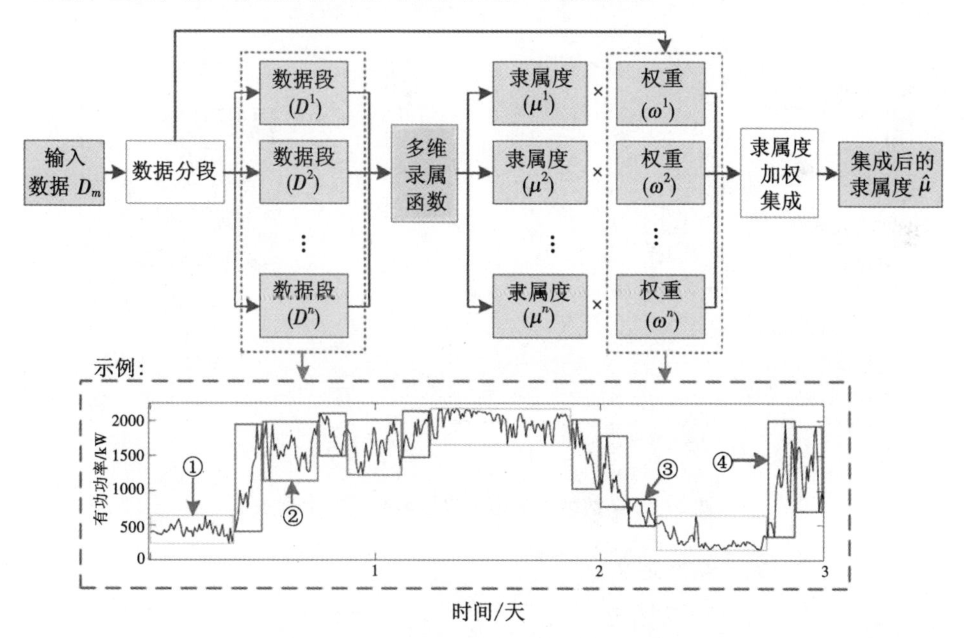

图 5.6　数据分段及其集成隶属度的计算流程图

从数据的连续性考虑，在一些环境相对稳定的时候，预测偏差的波动也是相对稳定的，这时候的数据更能反映出风机是否处于故障状态。因此，将数据进行等分处理后，下一步合并环境相对稳定的数据段，合并过程表述如下：

$$D_{\eta}^{p}=D_{\gamma}^{i+1}\cup D_{\gamma}^{i+2}\cup\cdots\cup D_{\gamma}^{i+w} \tag{5.15}$$

合并的触发条件是：当且仅当 $\forall\mid\overline{D_{\gamma}^{i+j}}-\overline{D_{\gamma}^{i+j+1}}\mid<\tau$，$j=1,2,\cdots,w-1$。$D_{\eta}^{p}$ 是合并后的数据段；η 是合并后数据段的长度，$\eta=w\times\gamma$；$\overline{D_{\gamma}^{\cdot}}$ 表示在数据 $D_{\gamma}^{\cdot}$ 中的数据平均值；τ 是相邻数据段间的偏差阈值。经过上述的分段和合并处理后，输入数据被分成了长度不等的 n（$n\leqslant k$）段。

然后，将每个数据段作为单独的一组数据，用其均值与 5.3.1 节中得到的多维隶属函数进行运算，得到此数据段的隶属度。经过对所有数据段的分别运算，会得到各个数据段的隶属度。图 5.7 显示了一个使用上述分段数据来计算隶属度的示意图：① 使用每段数据预测偏差的均值作为三维隶属函数中的第一个维度，来确定 X 轴上的坐标值；② 使用每段数据对应的环境数据作为三维隶属函数中的第二个维度，来确定 Y 轴上的坐标值；③ 根据得到的 X 轴和 Y 轴上的坐标值，计算出对应的隶属度，即 Z 轴上对应的值。

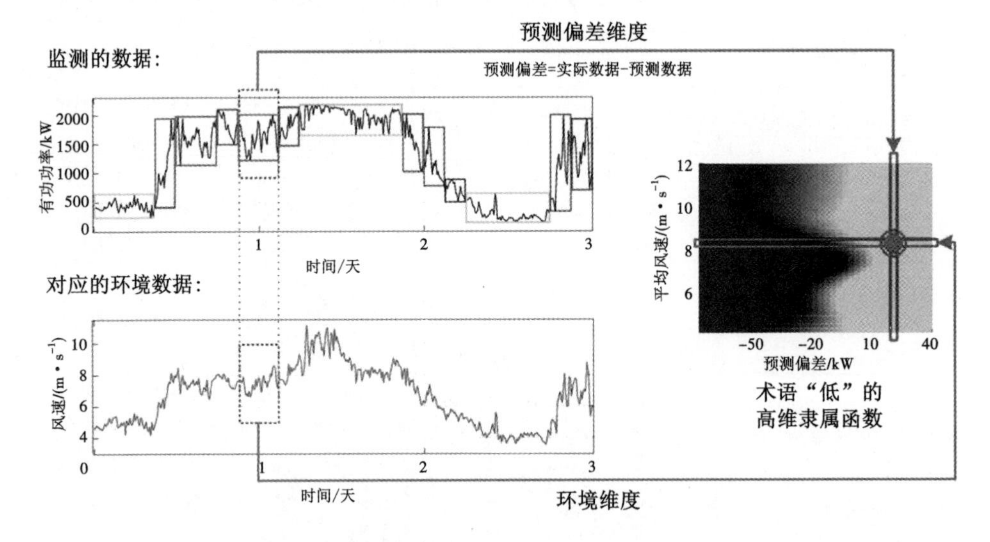

图 5.7　某数据段的多维隶属函数计算示意图

5.3.2.2　数据类型定义

在上述得到的分段数据中，每段数据的特点是不同的。例如，有些数据段中的数据是连续且稳定的，这些数据更加适合判断风机的状态和检测风机的故障；而另一些数据段中的数据既不稳定也不连续，这些数据不适合用于风机的状态判断和故障检测。因此，为了区分不同数据对风机故障检测的影响，本节定义了四种数据类型来区分不同类别的数据段：

假设 η 是某数据段 D_{η}^{i} 的长度，γ 是预定义的数据段最小单位长度，σ 是数据段 D_{η}^{i} 中所有数据的标准差，$\overline{\sigma}$ 表示在与数据段 D_{η}^{i} 同样的环境条件下，其所有历史数据的平均数据标准差。由此，数据段的四种类型定义如下：

数据类型 1：平稳的连续数据。此数据类型的约束条件为式(5.16)，数据示例如图 5.6 中的①所示。此类型数据持续的时间较长，数据的波动不大，非常适合风机的状态监测和故障检测。

$$\eta > \gamma \text{ and } \sigma \leqslant \overline{\sigma} \tag{5.16}$$

数据类型 2：不平稳的连续数据。此数据类型的约束条件为式(5.17)，数据示例如图 5.6 中的②所示。此类型的数据持续的时间较长，但数据的波动较大，用于风机状态监测和故障检测的效果一般。

$$\eta > \gamma \text{ and } \sigma > \overline{\sigma} \tag{5.17}$$

数据类型 3：平稳的不连续数据。此数据类型的约束条件为式(5.18)，数据示例如图 5.6 中的③所示。此类型的数据很平稳，但是长度较短，用于风机状态监测和故障检测的效果一般。

$$\eta = \gamma \text{ and } \sigma \leqslant \overline{\sigma} \tag{5.18}$$

数据类型 4：不平稳的不连续数据。此数据类型的约束条件为式(5.19)，数据示例如图 5.6 中的④所示。此类型的数据既不平稳也不连续，不太适用于风机的状态监测和故障检测。

$$\eta = \gamma \text{ and } \sigma > \overline{\sigma} \tag{5.19}$$

5.3.2.3　数据权重分配

从定义出的四种数据类型可以看出，有些类型的数据段适用于风机的故障检测，而有些则不太适用。为了增强优质数据段对风机故障检测的正面影响，降低劣质数据段对风机故障检测的负面影响，本节将不同类型的数据段分配了不同的权重。权重的定义如下：$\omega \in \{\omega_1, \omega_2, \omega_3, \omega_4\}$，其中 ω_t 表示第 t 类数据段的权重值。根据不同数据段的类型对风机故障检测的不同影响，四个权重的关系规定为：$\omega_1 > \omega_3 > \omega_2 > \omega_4$。增加了权重后，数据段的隶属度 ρ 可以表示为：

$$\rho = \omega_i \times \mu(\overline{D^i}, e_i) \tag{5.20}$$

其中，$\mu(\overline{D^i}, e_i)$ 表示通过多维隶属函数计算出的第 i 个数据段的隶属度；$\overline{D^i}$ 表示数据段中的平均预测偏差值；e_i 表示环境变量。

5.3.2.4 隶属度集成

经过上述的处理后，每个数据段都会计算出各自的加权隶属度。然而，在模糊逻辑系统中，每次的模糊推理只能使用一个隶属度。因此，需要将全部数据段的隶属度进行集成，方法如下：

$$\hat{\mu} = \frac{\sum_{i=1}^{n} \omega_i \times l_i \times \mu(\overline{D^i}, e_i)}{\sum_{i=1}^{n} \omega_i \times l_i} \tag{5.21}$$

其中，l_i 表示第 i 个数据段的长度；n 表示数据段的数量；$\hat{\mu}$ 表示集成后的隶属度。

至此，得到了包含风机环境因素的集成隶属度。使用集成隶属度进行模糊推理，会对风机的建模更加准确，从而能够更加有效地检测风机的故障。

5.3.3 基于集成隶属度的模糊逻辑系统

经过 5.3.2 节的处理，使用多维隶属函数和隶属度集成方法，计算出了每个单位数据的隶属度。本节使用得到的隶属度进行模糊推理，从而检测风机的故障。

首先，根据模糊逻辑系统的流程，使用前件集和输入集计算出每个输入的点火等级 Fl，计算公式如下：

$$\begin{aligned} Fl = & Sup[\mu_Q^1(x_1) \bigstar \hat{\mu}_{F_1}(x_1)] \bigstar Sup[\mu_Q^2(x_2) \bigstar \hat{\mu}_{F_2}(x_2)] \bigstar \\ & \cdots \bigstar Sup[\mu_Q^p(x_p) \bigstar \hat{\mu}_{F_p}(x_p)] \end{aligned} \tag{5.22}$$

其中，★ 表示最小 t 范式运算[120]；p 表示输入的数量；$\hat{\mu}_{F_i}(x_i)$ 表示通过式(5.21)计算出的第 i 个前件的隶属度；$\mu_Q^i(x_i)$ 表示第 i 个输入的隶属度。为了说明本章方法独创部分的优势，本章方法采用单值模糊逻辑系统进行风机的故障检测，因此，输入集中任何一个输入的隶属度都可以认为是常数“1”，即

$$\forall \mu_Q^i(x_i) = 1, \ i = 1, 2, \cdots, p \tag{5.23}$$

因此，点火等级可以通过式(5.2.4)计算得出：

$$\begin{aligned} Fl &= \hat{\mu}_{F_1 \times F_2 \times \cdots \times F_q}(x_1, x_2, \cdots, x_p) \\ &= \hat{\mu}_{F_1}(x_1) \bigstar \hat{\mu}_{F_2}(x_2) \bigstar \cdots \bigstar \hat{\mu}_{F_q}(x_p) \end{aligned} \tag{5.24}$$

然后，使用得到的点火等级 Fl，计算模糊输出集中的每一个模糊输出 $\mu_B(\delta)$：

$$\mu_B(\delta) = \mu_G(\delta) \bigstar Fl \tag{5.25}$$

其中，$\mu_G(\delta)$ 表示后件隶属函数。得到了所有模糊输出之后，将所有在同一个语言变量下且不同规则下的模糊输出进行合并处理，得到合并后的模糊输出 $\mu_{\hat{B}}(\delta)$：

$$\mu_{\hat{B}}(\delta) = \mu_{B^1}(\delta) \oplus \mu_{B^2}(\delta) \oplus \cdots \oplus \mu_{B^n}(\delta) \tag{5.26}$$

其中，$\oplus$ 表示取得最大值运算。

最后，通过计算 $\mu_{\hat{B}}(\delta)$ 的重心得到清晰的输出值，并据此检测风机的故障。

5.3.4　基于多维隶属度的风机故障检测

图 5.8 整合了上述章节的全部内容，形成了新的基于多维隶属度函数和集成隶属度的模糊逻辑系统风机故障检测架构。此架构分为三个部分。① 数据预测：与图 5.1 所示的传统方法相同，采集并预测与故障相关的监测数据，获得预测偏差。② 模糊化：使用历史的预测偏差数据和环境数据建立多维隶属函数(5.3.1 节描述)；然后，将实时的预测偏差数据分成长度不等的数据段，使用构建好的多维隶属函数计算各个数据段的加权隶属度，同时使用隶属度集成方法得到集成隶属度(5.3.2 节描述)。③ 模糊推理和风机故障检测：使用得到的加权集成隶属度进行模糊推理，构建出基于多维隶属函数和集成隶属度的模糊逻辑系统，依据模糊推理的结果检测多变环境下风机的故障。

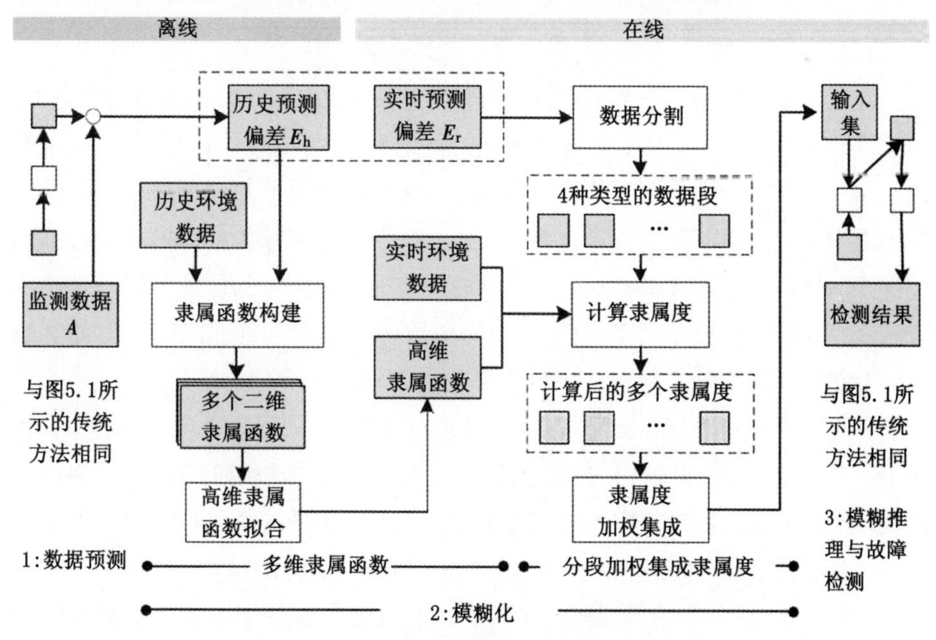

图 5.8　本章提出的新型风机故障检测架构

5.4 验证与应用

5.4.1 实验设置

本节共进行四组实验，从不同的角度评估本章方法的有效性。实验使用了中国北方某风场为期一年的 SCADA 数据来测试风机故障检测方法的有效性。此风场共有 33 个风机，每个风机的 SCADA 数据采样间隔均为 10min。图 5.9 显示了该风场的外部场景以及风场内部控制中心的照片。

(a)外部场景

(b)集控中心

图 5.9　风场外部场景和集控中心的照片示例

在风机故障检测实验之前，首先对采集到的 SCADA 数据进行预处理操作：对无效的数据进行了删除，对部分缺失的数据进行了插补，同时为了更好地验证故障检测方法，只保留了风速值在切入风速和切出风速之间的数据。在使用模糊逻辑系统风机故障检测方法时，实验均采用了应用较为广泛的后向传播人工神经网络方法作为预测模型，对监测的数据进行预测。为了更好地评估本章方法，本节使用了常用的基于二维隶属函数的模糊逻辑系统方法（例如文献[87]中的方法，简称二维隶属函数法）与本章方法进行对比。

在本节的四组对比实验中，本章方法的中数据段最小单位长度 γ 的值设置为 18，其原因如下：首先，γ 的值应该足够大，这样数据段内的数据才具有统计特性，从而消除数据波动造成的负面影响。根据此风场的实际情况以及专家的建议，采用 3~6h 的数据组成一个数据段（相应地，γ 的取值范围为 18~36）较为合适。其次，γ 的值应该足够小，这样才能以更高的频率追踪风机数据的变化，得到良好的监测效果。因此，本节最终采用 18 个数据点组成一个数据段

(3h 数据)的设置开展本章方法的实验。

在本节的四组对比实验中，本章方法的数据段权重参数 ω 设置为：$\omega_1=1.2$，$\omega_2=0.9$，$\omega_3=1.0$，$\omega_4=0.8$。这些权重的参数值通过统计方法计算得出，具体计算过程如下。首先，分别使用四种类型的数据进行以天为单位的数据预测，得到的预测结果(准确率)分别记为：A_1，A_2，A_3，A_4；然后，以同样的方式，分别使用这四种类型的数据进行 300 天的数据预测，得到的预测结果平均值分别记为：$\overline{A_1}$，$\overline{A_2}$，$\overline{A_3}$，$\overline{A_4}$。在这里，数据类型的权重可以认为是使用相应的数据类型做出预测效果好坏的权值，由此可以得到四类数据的权重比为：$\omega_1:\omega_2:\omega_3:\omega_4=\overline{A_1}:\overline{A_2}:\overline{A_3}:\overline{A_4}$。将其中的 ω_3 设置为 $\omega_3=1.0$ 后，其余三个数据类型的权重即可依次计算得出。

本节四组实验设计如下：实验 1 使用不同种类的风机故障检测方法来评估本章方法在检测早期风机故障方面的有效性；实验 2 和实验 3 分别评估本章方法在减少故障漏检率和减少故障误报率方面的有效性；实验 4 通过使用长时间连续的数据，进一步验证本章方法在检测风机故障方面的有效性。

5.4.2　实验 1：风机早期故障检测对比实验

本实验的目的是验证本章方法在检测风机早期故障方面的有效性。

2015 年 3 月初，风场的 16 号风机的风速传感器出现了故障，导致传感器测到的风速值略高于实际的风速值。为了检测该故障，实验对 3 月 17 日到 3 月 23 日期间的风速数据进行了监测，监测到的数据曲线如图 5.10(a)所示；然后，使用预测模型对此数据进行预测，并将实际值与预测值做差得到预测偏差，预测偏差的数据曲线如图 5.10(b)所示。从数据偏差的数据曲线可以看出，风速数据的预测偏差在这段时间内逐渐变大。

分别使用二维隶属函数方法和本章方法检测此故障。首先构造前件隶属函数，图 5.11 列出了这两个方法计算出的前件隶属函数。从图中可以看出，与传统的二维隶属函数相比，本章提出的多维隶属函数包含了更多的细节信息，其计算出的环境维度给出了不同环境下隶属度的详细分布。

然后，使用各方法得到的隶属函数处理监测数据的预测偏差。传统的二维隶属函数方法使用日平均数据进行故障检测，而本章提出的多维隶属函数方法采用数据段进行故障检测。图 5.12 显示了使用本章方法计算出的数据段划分情况。从图中可以看出，预测偏差数据依据其特征被分成了若干个数据段。依

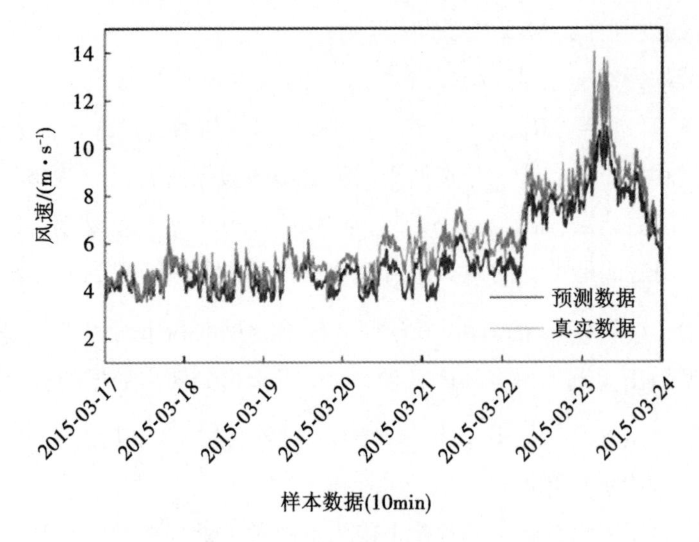

(a)真实的风速数据曲线和预测的风速数据曲线

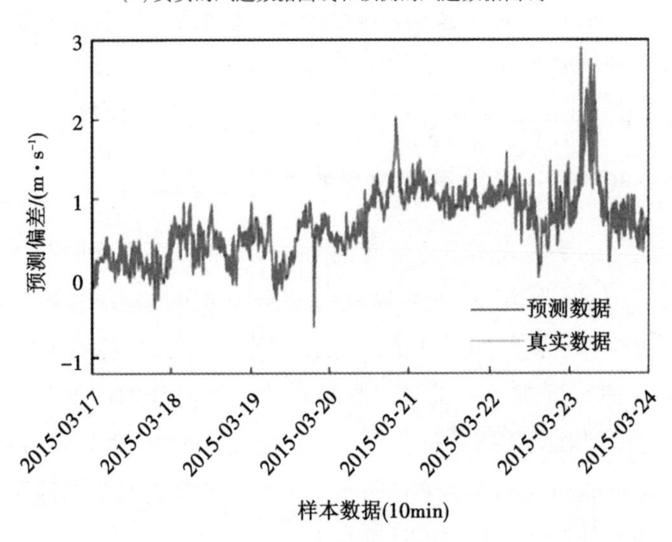

(b)风速数据预测偏差曲线

图 5.10　实验 1 中的实验数据

据本章算法，将每个数据段标识成不同的类别，并赋予不同的权重。这使本章方法能够更加细致和准确地分析输入的预测偏差数据，从而更加精确地检测风机故障。

最后，使用推理机对得到的模糊数据进行模糊推理，从而检测风机的故障。表 5.1 列出了各方法的故障检测结果，图 5.13 显示了两种方法检测故障时的细节信息。

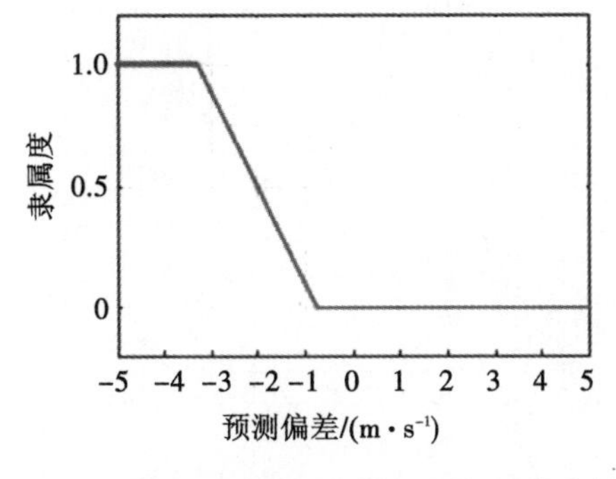

(a)二维隶属函数方法中使用的隶属函数偏低

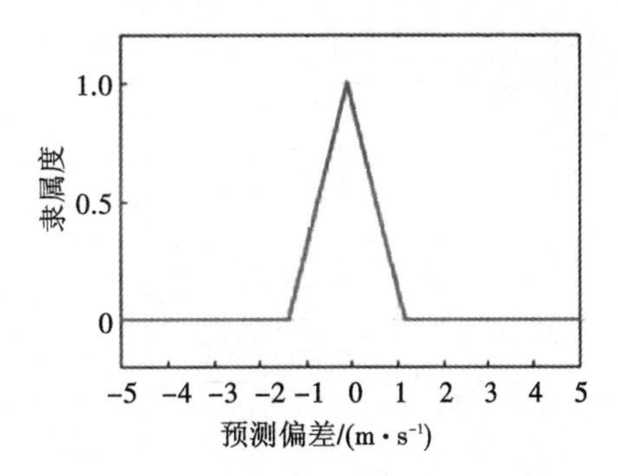

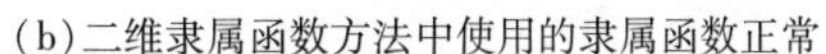

(b)二维隶属函数方法中使用的隶属函数正常

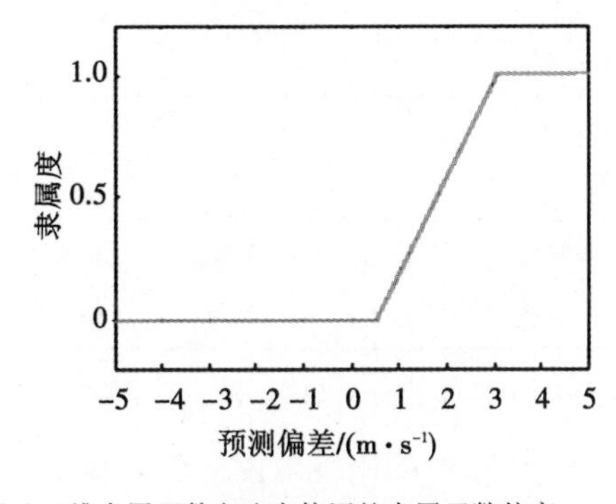

(c)二维隶属函数方法中使用的隶属函数偏高

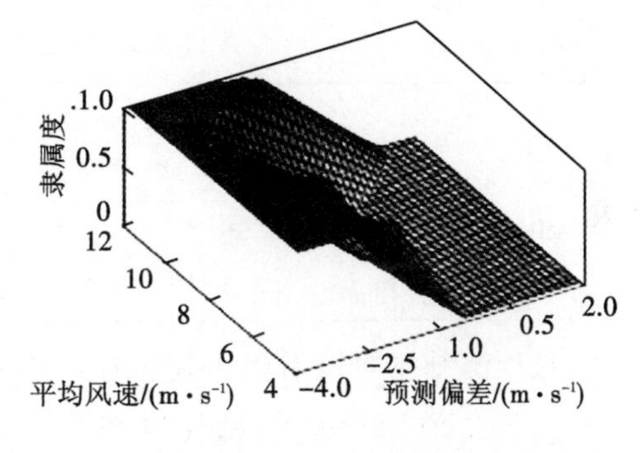

(d)本章提出多维隶属函数方法中使用的隶属函数偏低

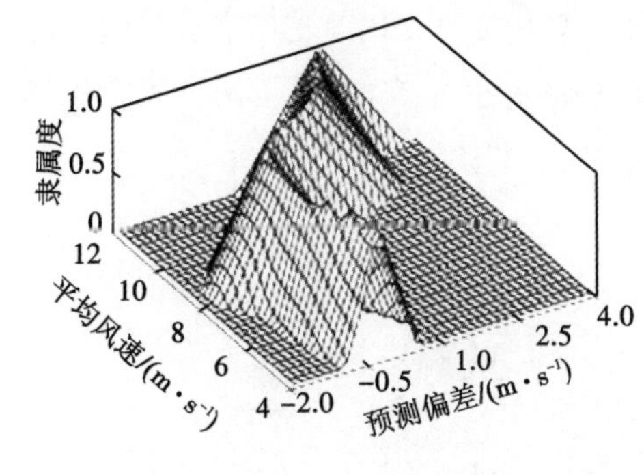

(e)本章提出多维隶属函数方法中使用的隶属函数正常

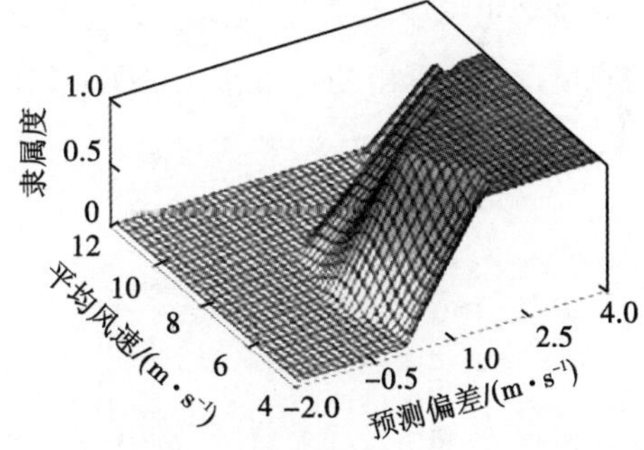

(f)本章提出多维隶属函数方法中使用的隶属函数偏高

图 5.11　两种方法中使用的隶属函数

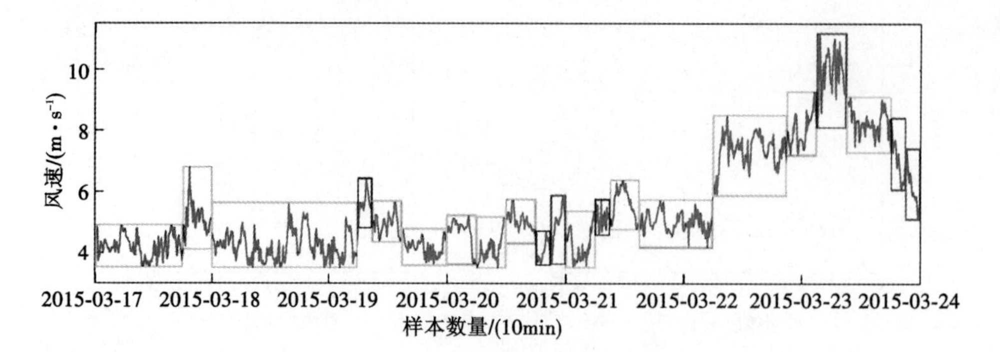

图 5.12 实验 1 中使用本章方法划分的数据段

表 5.1 实验 1 的实验结果

方法	2015 年 3 月						
	17	18	19	20	21	22	23
2D-MF 方法	正常	正常	正常	异常	异常	异常	异常
本章方法	正常	异常	异常	异常	异常	异常	异常

从检测结果可以看出，本章的方法在 2015 年 3 月 18 日检测出了该故障，而传统的二维隶属函数方法在 2015 年 3 月 20 日才检测出该故障，本章方法比传统的二维隶属函数方法早 2 天检测出了故障。同时，从图 5.13 中显示出的检测细节可以发现：① 当使用传统的二维隶属函数方法时，受二维隶属函数的信息所限，计算出的正常范围(图 5.13(a)中的深色区域)形成了两个固定的直

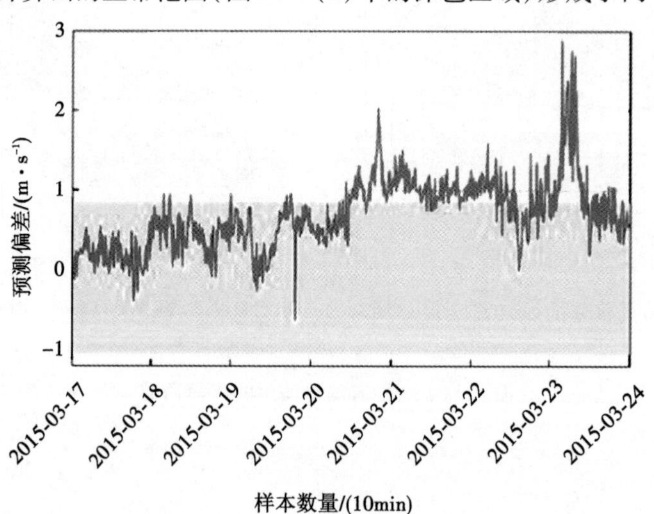

(a)二维隶属函数方法

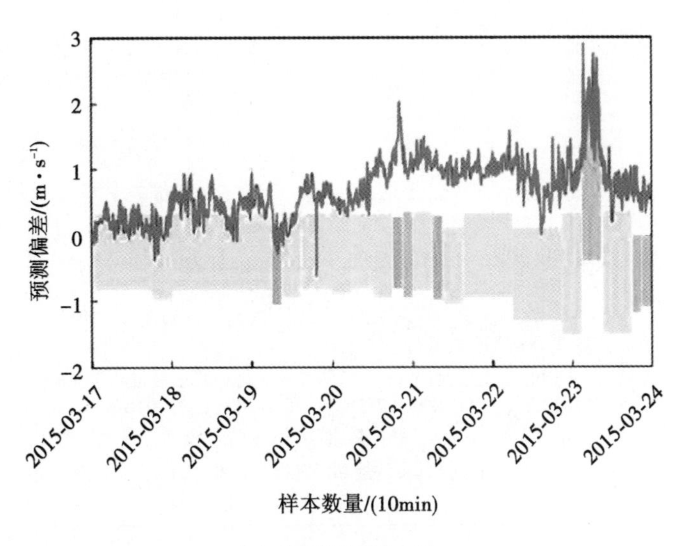

(b)多维隶属函数方法

图5.13 实验1的实验结果

线边界(上边界和下边界)，这两个边界反映了平均环境条件下正常预测偏差的范围。基于此范围，二维隶属函数方法并没有检测出早期的风机故障，直到2015年3月20日，数据异常变得十分明显，预测偏差的日均值超过了上边界，才触发故障报警。② 当使用本章方法进行故障检测时，由于本章提出的多维隶属函数以及不同类型数据段的加权设计，其计算出的上下边界不再是直线，而是随着环境和数据的变化而变化的分段范围。因此，本章方法能够更加准确地把握数据，做出更为精细的故障检测。

从本节实验的结果可以看出，与传统的二维隶属函数方法相比，本章方法可以更加有效地检测风机故障。

5.4.3 实验2：风机故障检测漏报警对比实验

本实验的目的是验证本章方法在风机故障检测中抑制漏报警方面的有效性。2016年7月29日，在风机控制软件整体升级的过程中，一些参数没有设置正确，因而使测得的风速值略高于实际的风速值。几天后，由于环境风速逐渐变大，此故障凸显了出来，最终运维人员发现并修复了此故障。依据先验知识和专家经验，检测此故障的规则总结如下：“如果(风速→高)并且(有功功率→正常)并且(桨叶偏角→正常)那么(得出结论：测得的风速过高)”。图5.14(a)显示了针对此次实验而监测到的风速数据及其预测数据，图5.14(b)显示了数据的预测偏差。

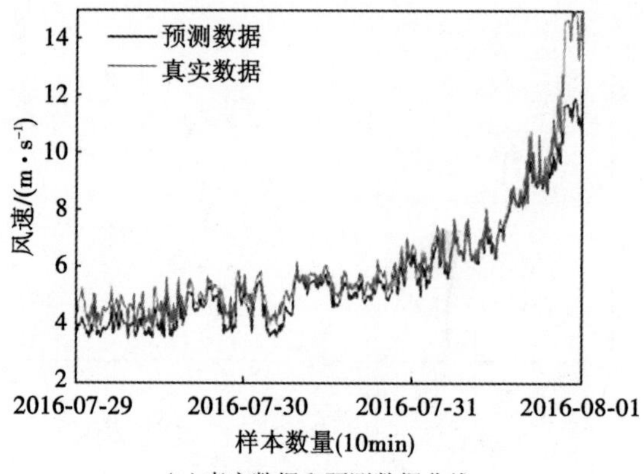

(a)真实数据和预测数据曲线

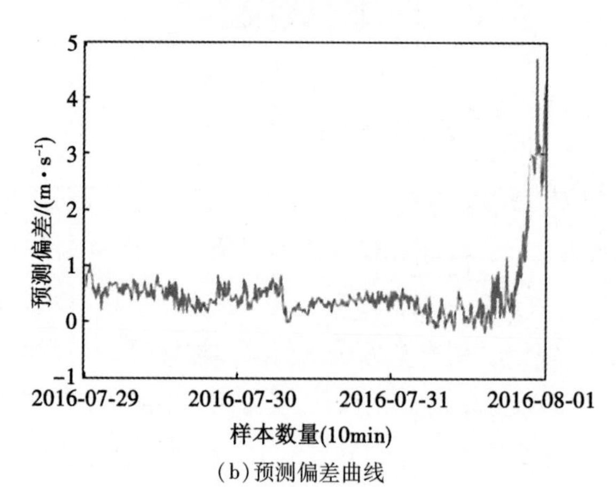

(b)预测偏差曲线

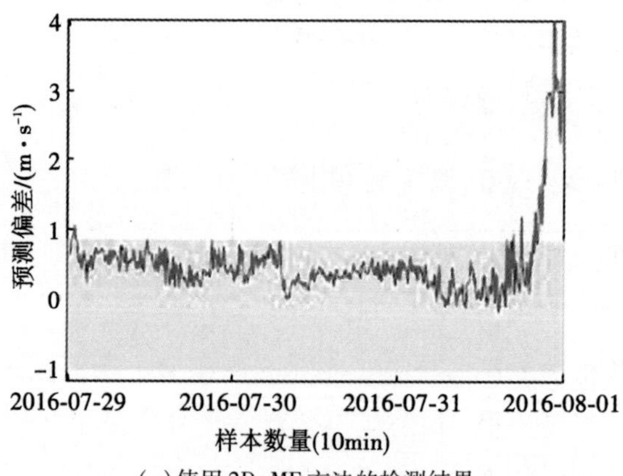

(c)使用 2D-MF 方法的检测结果

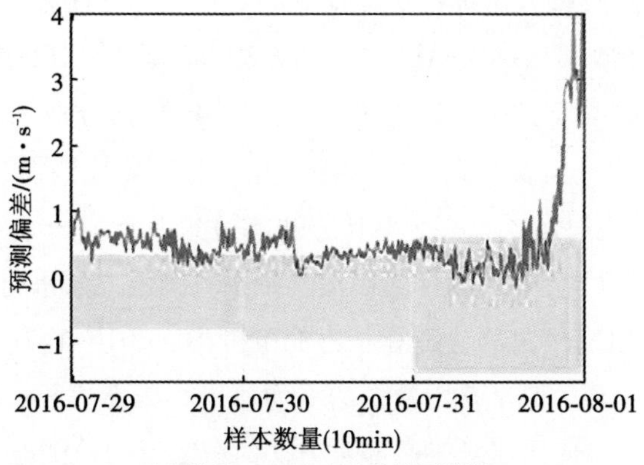

(d)使用 nD-MF 方法的检测结果

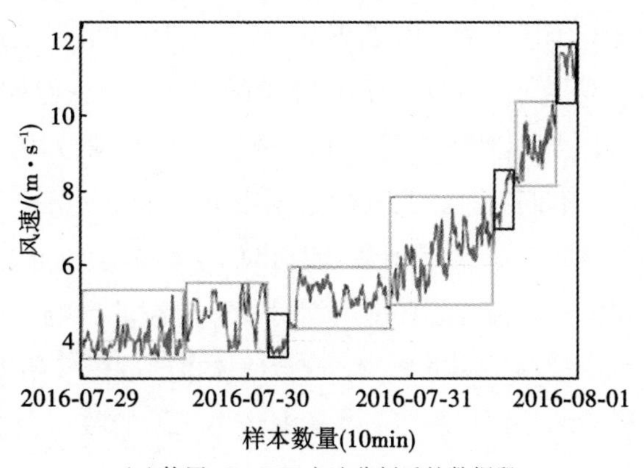

(e)使用 nD-CMF 方法分割后的数据段

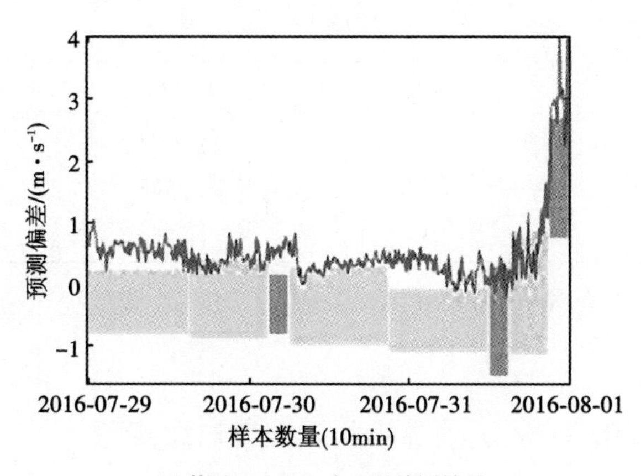

(f)使用 nD-CMF 方法的检测结果

图 5.14　实验 2 的实验结果

本实验使用了三种方法进行故障检测的对比，这三种方法分别是：二维隶属函数方法(如文献[87]和文献[89]中的方法，简写为“2D-MF 方法”)、不使用数据分段加权的本章方法(nD-MF 方法)、使用数据分段加权的完整的本章方法(nD-CMF 方法)。表 5.2 列出了各个方法的故障检测结果，图 5.14 中的(c)、(d)、(f)分别显示了这三个对比方法的检测细节。

从实验的结果可以看出：① 当使用二维隶属函数方法进行故障检测时，这三天监测到的预测偏差大部分都在正常的范围内。2016 年 7 月 31 日，尽管一些数据超出了上边界，但是整天数据的平均值仍小于上边界，这天并没有检测出该故障。因此，当使用二维隶属函数方法时，三天的检测结果均为正常。② 当使用去除了数据分段加权的本章方法进行故障检测时，这三天大部分的预测偏差都超出了正常范围。但是，由于 2016 年 7 月 31 日数据的波动较大，这天的检测结果被误判成了正常。③ 当使用完整的本章方法进行故障检测时，首先对监测数据进行分段加权处理，图 5.14(e)显示了数据分段的结果。可以看出，依据监测数据的不同特征，三天的数据被分成了长度不等的若干数据段。图 5.14(f)显示了依据多维隶属函数计算出的各数据段的正常范围。可以看出，完整的本章方法不仅融合了环境因素对故障检测的影响，而且融合了监测数据自身变化对风机故障检测的影响，这会使风机的故障检测更加准确、有效。从表 5.2 的故障检测结果可以看出，本章方法将三天的数据全部检测为故障状态，没有发生漏报警。

表 5.2　实验 2 的实验结果

方法	7 月 29 日	7 月 30 日	7 月 31 日
2D-MF 方法	正常(0.04)	正常(0.00)	正常(0.21)
nD-MF 方法	异常(0.85)	异常(0.73)	正常(0.46)
nD-CMF 方法	异常(0.89)	异常(0.77)	异常(0.59)

从本节实验的结果可以看出，本章方法可以有效地减少风机故障检测中的漏报警。

5.4.4　实验 3：风机故障检测误报警对比实验

本实验的目的是验证本章方法在抑制风机故障检测误报警方面的有效性。本实验的设置与实验 2 相同，采用了与实验 2 相同的三个对比方法进行风机的故障检测。实验使用了 2016 年 3 月中连续 4 天的正常数据来验证各个方法的误报警情况。表 5.3 列出了三个对比方法的检测结果，图 5.15 显示了实验的数据以及各个方法故障检测过程的详细信息。

表 5.3　实验 3 的实验结果

方法	3 月 21 日	3 月 22 日	3 月 23 日	3 月 24 日
2D-MF 方法	正常(0.00)	异常(0.56)	正常(0.44)	正常(0.00)
nD-MF 方法	正常(0.00)	正常(0.01)	正常(0.01)	正常(0.00)
nD-CMF 方法	正常(0.00)	正常(0.00)	正常(0.00)	正常(0.00)

从实验的数据可以看出，这四天监测数据的预测偏差相对较高。① 当使用二维隶属函数方法进行故障检测时，很多的预测偏差均超过了上边界，此方法将 3 月 22 日的风机正常状态误判成了故障，造成了误报警。② 当使用去除数据加权分段的本章方法和完整的本章方法进行故障检测时，两个方法均使用了包含环境因素的多维隶属度函数；此外，完整的本章方法还使用了数据的分段加权处理，图 5.15(e)显示了分段加权后的结果。从检测结果可以看出，这两个方法均将这 4 天的风机状况判定成了正常，没发生误报警。

从本节实验的结果可以看出，本章方法可以有效地减少风机故障检测中的误报警。

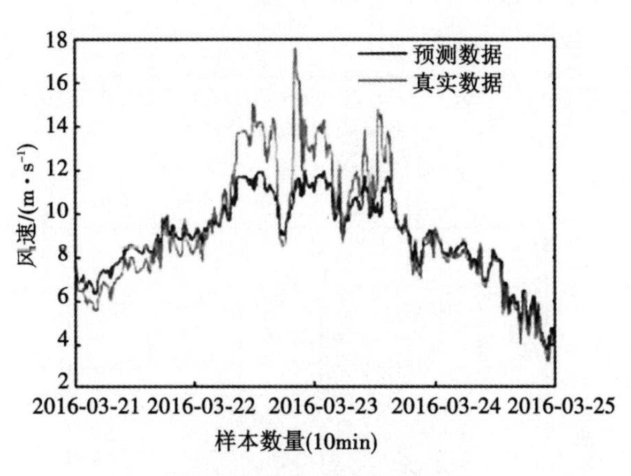

(a)真实数据和预测数据曲线

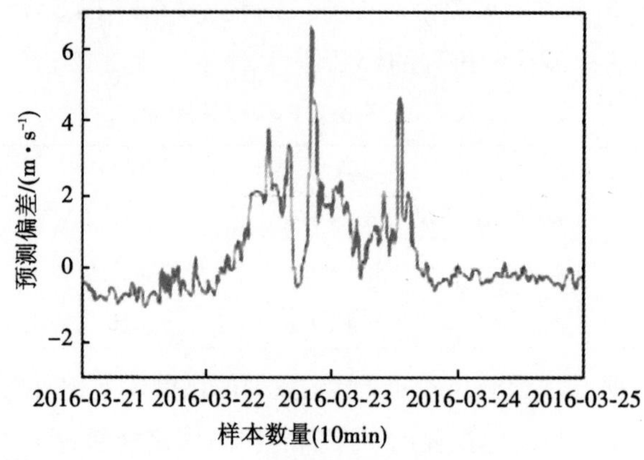

(b)预测偏差曲线

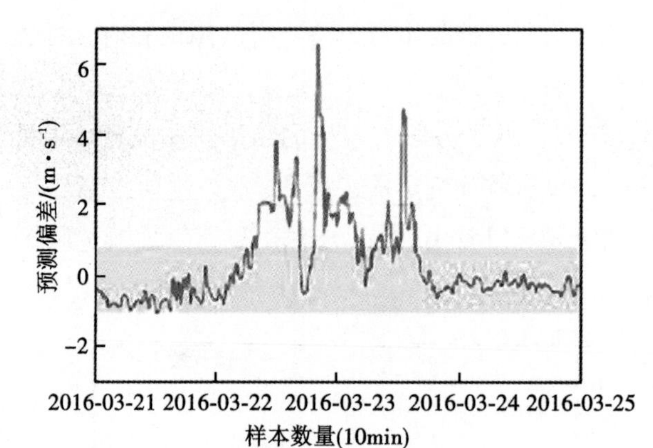

(c)使用 2D-MF 方法的检测结果

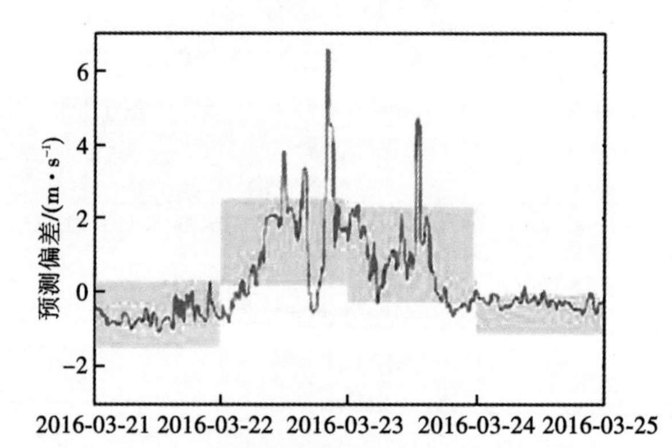

(d)使用 nD-MF 方法的检测结果

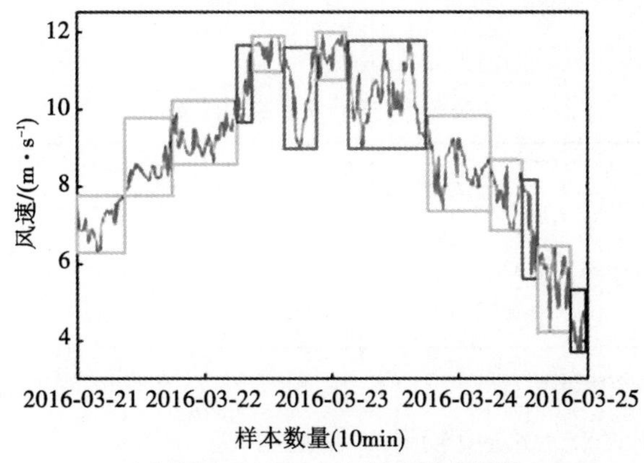

(e)使用 nD-CMF 方法分割后的数据段

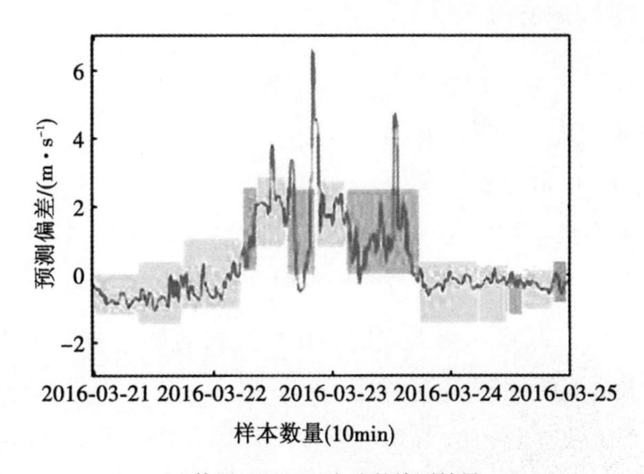

(f)使用 nD-CMF 方法的检测结果

图 5.15　实验 3 的实验结果

5.4.5　实验 4：长时间条件下风机故障检测对比实验

为了进一步评估本章方法在检测风机故障方面的有效性，本实验使用了含有故障的 150 天连续风机数据对各个方法进行评估，实验的设置与实验 2 和实验 3 相同，使用的数据为具有相同故障的三个风机的数据合集。表 5.4 显示了实验的数据及各个检测方法的故障检测结果。

从实验结果可以看出：① 当使用二维隶属函数方法进行故障检测时，9 天的故障数据共正确检测出了 6 天，漏检了 3 天；同时还出现了 2 天的误报警。由此可见，二维隶属函数方法的故障检测效果一般。(2) 当使用去除了数据分权的本章方法进行故障检测时，9 天的故障数据共正确检测出了 8 天，没有出现漏检状况。③ 当使用完整的本章方法进行故障检测时，成功检测出了 9 天全部的故障数据，同时没有出现漏检状况。

表 5.4　实验 4 的实验结果

方法	总天数/天	故障天数/天	正确检测数	误报警数
2D-MF 方法	450	9	6/9	2
nD-MF 方法	450	9	8/9	0
nD-CMF 方法	450	9	9/9	0

因此，从本节实验的结果可以看出，本章方法在长时间的故障检测中不仅具有良好的检测效果，还具有较高的可靠性和稳定性。

5.4.6　实验总结

本节共进行了四组对比试验，从不同的角度验证了本章方法在检测风机故障方面的有效性。从实验的结果可以看出：① 与传统的模糊逻辑系统故障检测方法相比，本章方法可以更有效地检测风机故障。本章提出的多维隶属函数可以有效地对可变环境进行建模，同时对受环境影响的风机自身监测数据进行了精细化的处理，从而可以更加有效地检测风机故障。② 本章方法可以有效地减少风机故障检测中的漏检率和误报警，并且在长时间的故障检测中运行稳定，本章方法具有良好的可靠性和鲁棒性。

此外，本章方法还具有以下几个优点：① 本章提出的多维隶属函数的构建方法在实际操作中容易实现。此构建方法没有使用海量的数据直接拟合多维隶属函数，而是先生成多个二维隶属函数，再使用得到的二维隶属函数拟合成多维隶属函数。这样大量地减少了构建多维隶属函数所需要的样本量，适用性更强。② 本章提出的数据分段加权方法可以有效地提升高质量数据对风机故障检测的正面效果，同时抑制低质量数据对风机故障检测的负面作用。与传统经验模型不同的是，本章的权重分配方法是通过数据驱动方式完成的，增加了方法的鲁棒性，在实际应用中变得更加容易操作。

5.5 本章小结

本章针对风机故障检测的小样本问题，提出了一种基于多维隶属函数和集成隶属度的模糊逻辑系统风机故障检测方法。首先，依据风机的多变环境，本章提出了一种针对风机故障检测的多维隶属函数构建方法，在多个固定的环境下分别构建低维度的隶属函数，然后使用拟合方法将低维隶属函数构建成高维隶属函数。得到的高维隶属函数可以反映出风机多变的环境，使风机故障检测方法能够更加精细地处理不同环境下的监测数据；其次，本章针对受环境影响的风机自身监测数据多变的特点，提出了数据分段策略，将监测数据分成长度不等的多个数据段，依据数据对故障检测的效果定义了四种数据类型，对不同类型的数据分配了不同的权重，并将各数据段在多维隶属函数上计算出的隶属度进行了集成处理，使检测方法能够更加准确地处理不同情况的监测数据，从而更为准确地检测风机故障。最后，基于多维隶属函数和分段加权集成隶属度构建了模糊逻辑系统，实现对风机故障的检测。

本章共开展了四组对比实验，从不同的角度验证了本章方法的有效性。从实验的结果可以看出，与传统基于二维隶属函数的模糊逻辑系统故障检测方法相比，本章方法可以更有效地检测风机故障。同时，本章方法还具有更低的误报警率和漏检率，在长时间的故障检测中，可靠性好、鲁棒性强，可以结合先验知识有效地检测出多变环境小样本条件下的风机故障。

第6章　小样本风机故障检测的黑盒模型解释方法

风机是一种大型的新能源发电设备。与其他类型的检测任务不同，风机的故障检测对检测模型的可靠性要求较高。尤其在小样本的条件下，如果故障检测模型出现较多的漏判和误判，会严重影响风机的正常工作和有效产出。在风机的故障检测中，许多检测模型都是基于数据驱动的，其中大部分的检测模型都是黑盒模型。使用黑盒模型检测风机故障时，检测模型只能给出检测结果，不能给出检测的逻辑，增加了风机故障检测的风险。因此，让黑盒模型变得可解释是增强风机故障检测可靠性的关键因素。

本章以黑盒故障检测模型的可解释为目的，提出了一种基于数据驱动和模糊逻辑系统的黑盒模型解释方法。以黑盒故障检测模型为目标，反向构建一个与之接近的模糊逻辑系统；通过不断地优化模糊逻辑系统减少其复杂度，从而使模糊逻辑系统中的规则简洁易懂；通过知识提取方法获取模糊逻辑系统中的各级知识，完成对黑盒模型的解释，从而提升小样本条件下风机故障检测黑盒模型的可靠性。

6.1　本章概述

随着机器学习和人工智能的不断发展，越来越多基于数据驱动的故障检测方法在各行各业都得到了广泛的应用。然而，大多数使用机器学习方法训练出的故障检测模型都是黑盒和不可解释的，这给实际的应用增加了大量的不确定性[129]。可解释的机器学习模型在诸多领域都是非常重要的，例如工业故障检测领域和医疗特征识别领域。如果上述领域的识别模型做出了错误的判断，会造成巨大的经济损失。因此，在小样本条件下的风机故障检测中，可解释的故障检测模型对风机的维护是十分重要的。

可解释的模型通常是指模型做出的逻辑判断是透明的[130]。可解释的模型不仅可以提供模型自身决策的细节信息，还可以为用户提供模型决策失败的原因[131]。因此，可解释模型可以保证故障检测更加透明和稳定。构建可解释模型的方法通常有两种：

第一种方法是直接使用可解释的机器学习模型。一些机器学习方法是原生可解释的，因此可以直接使用这些方法训练可解释的机器学习模型。这些方法主要包括线性回归方法、贝叶斯方法以及基于规则的方法等。在文献[132]中，Kim S J 等提出了一种基于贝叶斯进化的高阶图模型来解释分类模型中的高阶数据。在文献[133]中，Berge G T 等提出了一种基于规则的文本分类方法，该方法利用 Tsetlin Machine 实现了模型的可解释。在文献[134]中，Ragab A 等提出了一种基于树模型的可解释方法，从不同的机器学习模式中获取可解释的知识。

第二种方法是使用分析手段解释目标黑盒模型。这类方法很多：一些研究使用数据挖掘方法选择黑盒模型的典型用例，从而通过用例来说明黑盒模型的工作逻辑[135]；一些研究使用视觉化的技术来表述黑盒模型[136]；一些研究采用解释方法（将解释和目标黑盒模型分离）从外部说明黑盒模型的工作逻辑[137]；近年来，随着深度学习的飞速发展，一些研究着眼于解释从特定深度学习网络中提取出的抽象特征，从而使黑盒模型透明化[138]。

虽然很多机器学习的解释方法都取得了重要的进展，但是对于工业领域的故障检测来说，由于检测任务通常比较复杂，因此仍有许多问题需要进一步研究和解决。总体来说：① 原生可解释型机器学习方法通常比较简单，难以解决复杂的故障检测问题；② 很多性能优良的机器学习模型由于结构复杂，难以变得可解释。因此，在风机故障检测领域，亟需找到一个性能良好又可解释的方法，来解决故障检测模型的可解释问题。

为了解决这个问题，本章提出了一种基于数据驱动和模糊逻辑系统的机器学习黑盒模型解释方法。首先，为了解释目标模型，本章提出了一种基于数据驱动的模糊逻辑系统反向构建方法，使用此方法构建出的模糊逻辑系统可以良好地逼近目标黑盒模型，使其具有与目标黑盒模型一致的数据处理效果；其次，本章提出了三个针对模糊逻辑系统的优化方法，降低了模糊逻辑系统的复杂度，从而使提取出的知识更加简洁；最后，本章提出了一种针对模糊逻辑系统的知识提取方法，可以从多个层次提取知识，从而更加充分地解释目标模型，实现对黑盒风机故障检测模型的解释，增强风机故障检测的可靠性。

6.2 基于数据驱动的黑盒模型解释架构

本章方法的主要内容简述如下：首先，反向构建一个与目标黑盒模型一致的模糊逻辑系统；然后，通过多种优化手段，在保持系统精度的前提下大幅降低模糊逻辑系统的复杂度；最后，从优化后的模糊逻辑系统中提取多层级的知识来解释目标模型。本章方法主要包含三个部分，其结构如图 6.1 所示。

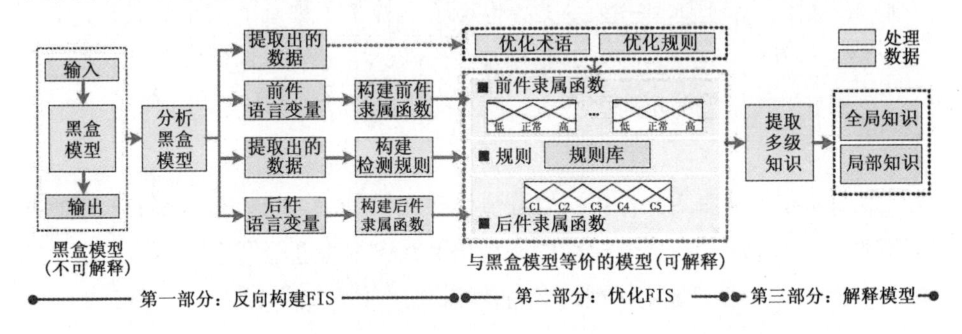

图 6.1　本章方法的结构图

第一部分：反向构建可解释的模糊逻辑系统（FIS）。为了构建与目标黑盒模型一致的模糊逻辑系统，首先，分析目标黑盒模型的输入输出数据；然后，依据分析出的结果使用数据驱动方法分别构建模糊逻辑系统的前件、后件和规则；最后，利用得到的组件构建可解释的模糊逻辑系统，如图 6.1 标注的第一部分所示。此部分内容将在 6.3.1 节中详细描述。

第二部分：优化可解释的模糊逻辑系统。首先，根据风机的数据特征，优化模糊逻辑系统前件/后件的各个术语；然后，使用优化后的前件/后件术语对模糊逻辑系统的规则进行优化，从而大幅降低模糊逻辑系统的复杂度，使其对目标黑盒模型的解释更加简洁有效。此部分内容将在 6.3.2 节中详细描述。

第三部分：从模糊逻辑系统中提取知识，解释目标模型。针对优化后的模糊逻辑系统，本章方法提出了一种多层级知识的提取方法，此方法能够从全局和局部等多个层面提取模糊逻辑系统的知识，从而构建出目标模型的知识体系，最终实现对目标黑盒模型的解释。此部分内容将在 6.3.3 节中详细描述。

6.3　基于数据驱动的黑盒模型解释方法

6.3.1　反向构建模糊逻辑系统

为了解释目标黑盒模型，本节首先构建一个与目标黑盒模型接近的模糊逻辑系统，然后使用模糊逻辑系统中的规则解释黑盒模型。然而，使用传统的方法构建模糊逻辑系统，规则必须是已知的；而在模型可解释的应用中，规则是未知的(最终需要得到规则，用于解释目标模型)。因此，使用传统的方法不能构建出用于解释黑盒模型的模糊逻辑系统。

为了构建出可用于解释黑盒模型的模糊逻辑系统，本节提出了一种基于数据驱动的模糊逻辑系统反向构建方法。使用从黑盒模型中提取出的数据分别构建模糊逻辑系统的前件、后件和规则。图 6.2 显示了此过程的流程，主要包括：“黑盒系统分析及语意定义”、“前件隶属函数构建”、“后件隶属函数构建”和“规则构建”四个部分。

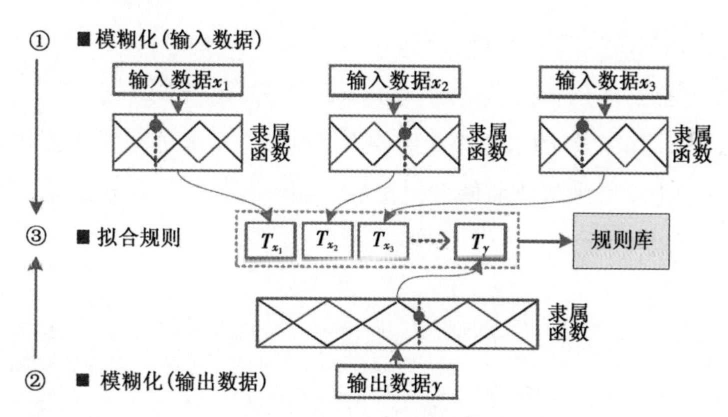

图 6.2　反向构建模糊逻辑系统的流程图

6.3.1.1　黑盒系统分析及语意定义

为了使用数据驱动的方式反向构建可解释的模糊逻辑系统，首先分析目标黑盒模型，假设目标黑盒模型 f 为：

$$y = f(\boldsymbol{x}),\ \boldsymbol{x} = [x_1,\ x_2,\ \cdots,\ x_n] \tag{6.1}$$

其中，$\boldsymbol{x}$ 表示黑盒模型的输入(x_i 是黑盒模型的第 i 个输入，$x_i \in [{}^{\ulcorner}x_i,\ {}^{\urcorner}x_i]$)；y 表示黑盒模型的输出，$y \in [{}^{\ulcorner}y,\ {}^{\urcorner}y]$。

然后，根据黑盒模型的输入和输出定义模糊逻辑系统的语言变量：将输入数据 x_i 的名称定义为前件语言变量，记作 L_{x_i}；将输出数据 y 的名称定义为后件语言变量，记作 L_y。例如，L_{x_1} 是语言变量“速度”，L_{x_2} 是语言变量“时间”，L_y 是语言变量“距离”。然后，基于这些定义好的语言变量，构建每一个语言变量的各个术语及其隶属函数。

6.3.1.2　构建模糊逻辑系统的前件隶属函数

前件隶属函数的作用是将清晰的输入数据转化为模糊前件集，如图 6.2 中数字①所示。首先，在构建前件隶属函数之前，要定义语言变量 L_{x_i} 的各个术语。本方法将前件语言变量的术语定义如下：将语言变量 L_{x_i} 的范围等分成 p_{x_i} 份，每一份定义成一个术语：

$$L_{x_i} \rightarrow [T_{x_i}^1, T_{x_i}^2, \cdots, T_{x_i}^{p_{x_i}}] \tag{6.2}$$

其中，$T_{x_i}^j$ 表示语言变量 L_{x_i} 的第 j 个术语，$T_{x_i}^j$ 的取值范围是：

$$\ulcorner x_i + (j-1)\frac{\urcorner x_i - \ulcorner x_i}{p_{x_i}} \leqslant x_i^j < \ulcorner x_i + j\frac{\urcorner x_i - \ulcorner x_i}{p_{x_i}}, \quad j \in [1, 2, \cdots, p_{x_i}] \tag{6.3}$$

其中，x_i^j 表示术语 $T_{x_i}^j$ 中的数据。例如，假设 L_{x_i} 表示语言变量“速度”，那么 L_{x_i} 可以包括“低速”术语 $T_{x_i}^1$，“中速”术语 $T_{x_i}^2$ 和“高速”术语 $T_{x_i}^3$。

然后，依据定义好的术语构建前件隶属函数。根据 $T_{x_i}^j$ 的范围，本章方法使用三角形/梯形函数来构建前件隶属函数。图 6.3 显示了构建过程。前件隶属函数可以通过下面的公式获得：

$$\mu_{x_i}^j(x) = x_i^j \odot \delta_{x_i} \tag{6.4}$$

其中，$\odot$ 表示如图 6.3 所示的前件隶属函数的构建操作；$\mu_{x_i}^j(x)$ 表示得到的术语 $T_{x_i}^j$ 的隶属函数；δ_{x_i} 表示如图 6.3 所示的重叠率。

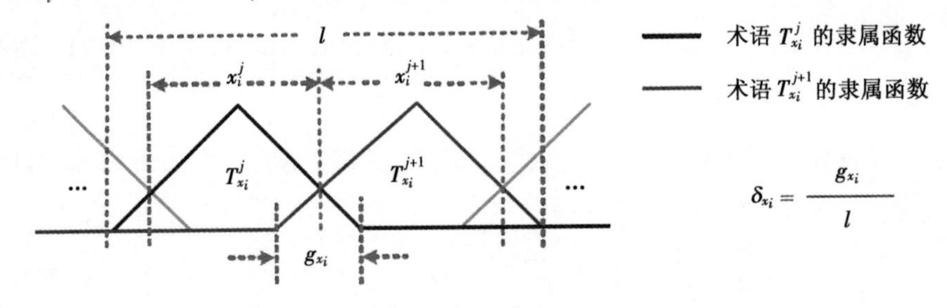

图 6.3　使用本章方法构建隶属函数的示意图

6.3.1.3　构建模糊逻辑系统的后件隶属函数

后件隶属函数的作用是将模糊数据反模糊化成清晰数据，从而检测风机的故障。为了构建可解释模糊逻辑系统的后件隶属函数，本章方法使用了相反的策略，使用后件隶属函数将“清晰的输出数据”模糊化成“模糊数据”，如图 6.2 中②所示。这样就可以使用与构建模糊逻辑系统前件隶属函数一样的方式构建后件隶属函数。因此，首先定义后件术语 L_y：

$$L_y \rightarrow [T_y^1, T_y^2, \cdots, T_y^q] \tag{6.5}$$

其中，T_y^j 表示后件语言变量 L_y 的第 j 个术语，T_y^j 的取值范围是：

$$\ulcorner y + (j-1)\frac{\urcorner y - \ulcorner y}{q} \leqslant y^j < \ulcorner y + j\frac{\urcorner y - \ulcorner y}{q},$$
$$j \in [1, 2, \cdots, q] \tag{6.6}$$

其中，y^j 表示术语 T_{y_i} 中的数据。因此，后件术语 T_y^j 的隶属函数 $\mu_y^j(y)$ 可以通过式(6.7)计算得出：

$$\mu_y^j(y) = y^j \odot \delta_y \tag{6.7}$$

6.3.1.4　构建模糊逻辑系统的规则

经过上述步骤的处理，得到了模糊逻辑系统前件和后件的隶属函数。使用构建好的隶属函数可以将清晰的输入数据和清晰的输出数据模糊化成模糊输入数据和模糊输出数据。本步骤使用得到的模糊数据构建模糊逻辑系统的规则，如图 6.2 中的③所示。首先，从目标黑盒模型中提取出用于拟合模糊逻辑系统规则的数据样本。数据样本的提取方式为，对于每一个黑盒模型的输入数据 x_i，在其定义域内等间隔地采样并获取拟合样本：

$$\left.\begin{aligned} s_{x_i}^k = \{\ulcorner x_i, \ulcorner x_i + \gamma, \ulcorner x_i + 2\gamma, \cdots, \ulcorner x_i + (k-1)\gamma\} \\ \gamma = (\ulcorner x_i - \ulcorner x_i)/(k-1) \end{aligned}\right\} \tag{6.8}$$

其中，$s_{x_i}^k$ 表示从输入数据 x_i 中采集到的样本集；γ 表示采样间隔；k 表示采集到的样本个数。因此，经过对每一个输入数据的充分采样后，最终用于拟合模糊逻辑系统规则的拟合数据集 D_x 可以通过式(6.9)得到：

$$D_x = s_{x_1}^{k_1} \otimes s_{x_2}^{k_2} \otimes \cdots \otimes s_{x_n}^{k_n} \tag{6.9}$$

其中，$\otimes$ 表示笛卡儿积运算。

然后，使用得到的拟合数据集 D_x 和前件/后件隶属函数，对模糊逻辑系统中的规则进行拟合，如图 6.2 所示。为了拟合规则，首先将清晰的输入数据通过前件隶属函数模糊化成模糊前件集，同时将清晰的输出数据通过后件隶属函数模糊化成模糊后件集。使用得到的模糊前件集和模糊后件集构建规则。将此过程简短记述为 $\mathcal{F}$：

$$R = \mathcal{F}(D_x, \mu_x, D_y, \mathcal{F}_y) \tag{6.10}$$

由于构建模糊逻辑系统所用的数据完全来自目标黑盒模型，并且数据量充足，因此构建出的模糊逻辑系统会十分接近目标黑盒模型。由于模糊逻辑系统是基于规则的，因此，可以使用构建好的模糊逻辑系统中的规则来解释目标黑盒模型。

至此，本节使用数据驱动方法反向构建了可解释的模糊逻辑系统。构建出的模糊逻辑系统具有以下几点优势：① 模糊逻辑系统是基于规则的，因此可以使用从模糊逻辑系统中提取出的规则解释目标黑盒模型；② 由于模糊逻辑系统可以处理复杂的非线性关系，因此构建出的系统能够达到与目标黑盒模型相似的数据处理效果，从而能够更加精确地解释目标黑盒模型。

6.3.2 模糊逻辑系统的多重优化

目前构建出的模糊逻辑系统与目标黑盒模型具有相近的数据处理效果，因此可以使用模糊逻辑系统中的规则解释目标模型。然而，当构建出的模糊逻辑系统中含有大量的术语和规则时，系统的复杂度会变大，这会使获取到的规则复杂、不易理解。为了减少模糊逻辑系统的复杂度，本节提出了三个优化方法，分别对模糊逻辑系统的前件术语、后件术语和模糊规则进行优化。

6.3.2.1 优化前件术语

首先，对模糊逻辑系统的前件术语进行优化。优化策略如下：假设 T_1 和 T_2 是两个相邻的前件术语，如果所有带有术语 T_1 的处理结果，与将 T_1 替换成 T_2 的处理结果相同，那么将术语 T_1 和术语 T_2 合并，从而减少前件术语的数量、降低模糊逻辑系统的复杂度。数学表述如下：假设 $[\hat{T}_{x_1}, \hat{T}_{x_2}, \cdots, \hat{T}_{x_n}] \to \hat{T}_y$ 是规则库 R 中的一条规则，$T_{x_i}^{c}$ 和 $T_{x_i}^{c+1}$ 是语言变量 L_{x_i} 下的两个相邻术语，如果

$$[\hat{T}_{x_1}^*, \hat{T}_{x_2}^*, \cdots, \hat{T}_{x_i}^{c}, \cdots, \hat{T}_{x_n}^*] = [\hat{T}_{x_1}^*, \hat{T}_{x_2}^*, \cdots, \hat{T}_{x_i}^{c+1}, \cdots, \hat{T}_{x_n}^*] \tag{6.11}$$

其中，$\hat{T}_{x_j}^*$ 表示规则库 R 中的所有可能术语，那么将 $T_{x_i}^{c}$ 和 $T_{x_i}^{c+1}$ 合并：

$$T_{x_i}^{c} \leftarrow T_{x_i}^{c} \cup T_{x_i}^{c+1} \tag{6.12}$$

图 6.4 所示为一个前件术语优化的例子。在这个例子所描述的场景中，使用上述的优化方法，最终将语言变量 x_1 下的术语 1 和术语 2 进行了合并。

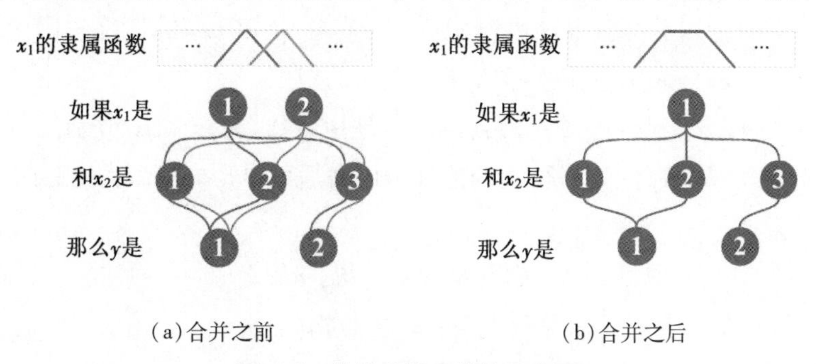

(a)合并之前　　(b)合并之后

图 6.4　前件术语合并的示意图

6.3.2.2　优化后件术语

然后，对模糊逻辑系统的后件术语进行优化。优化策略如下：如果某后件术语从来没有被规则库 R 中任何一个规则触发，那么将这个后件术语与其相邻的术语合并，从而减少后件术语的数量，降低模糊逻辑系统的复杂度。数学表述如下：假设 T_y^c 和 T_y^{c+1} 是两个相邻的后件术语，如果

$$T_y^c \notin R, 1 \leqslant c \leqslant q-1 \tag{6.13}$$

那么，将 T_y^c 和 T_y^{c+1} 合并：

$$T_y^{c+1} \leftarrow T_y^c \cup T_y^{c+1} \tag{6.14}$$

图 6.5 列举了一个后件术语优化的例子。在这个例子所描述的场景中，使用上述的优化方法，最终将后件语言变量中的术语 1 和术语 2 进行了合并。

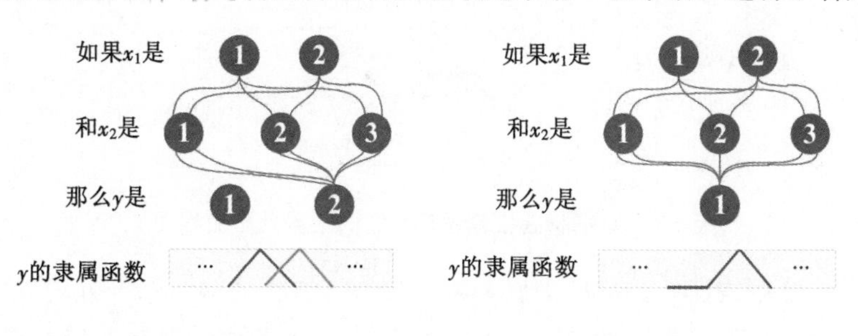

(a)合并之前　　(b)合并之后

图 6.5　后件术语合并的示意图

6.3.2.3　优化规则

最后，对模糊逻辑系统的规则进行优化。在实际应用中，可以使用真实的

数据或先验知识来削减模糊逻辑系统中无效规则的数量，从而降低模糊逻辑系统的复杂度。例如，根据风机发电的基本规律，如果风速变低，那么产生的有功功率也会变低；不可能出现风速变低，而有功功率升高的情况。因此，可以通过优化拟合数据来削减规则库 R 中不合理的规则。

由此，假设 D_x^r 是经过筛选后得到的合理拟合数据，μ_x' 和 μ_y' 分别是通过使用式(6.11)~式(6.14)优化后得到的前件术语和后件术语，那么优化后的规则 R' 可以表示为：

$$R' = \mathcal{F}(D_x^r, \mu_x', D_y^r, \mu_y') \tag{6.15}$$

其中，$D_y^r = f(D_x^r)$ 表示目标黑盒模型的输出数据。

6.3.2.4　运行优化后的模糊逻辑系统

经过上述处理，本章方法分别从前件术语、后件术语和规则三个方面优化了模糊逻辑系统。本节使用构建好的模糊逻辑系统进行与目标黑盒模型相同的数据处理操作，以验证模糊逻辑系统对目标黑盒模型的还原程度。图 6.6 显示了所建模糊逻辑系统的数据处理流程。

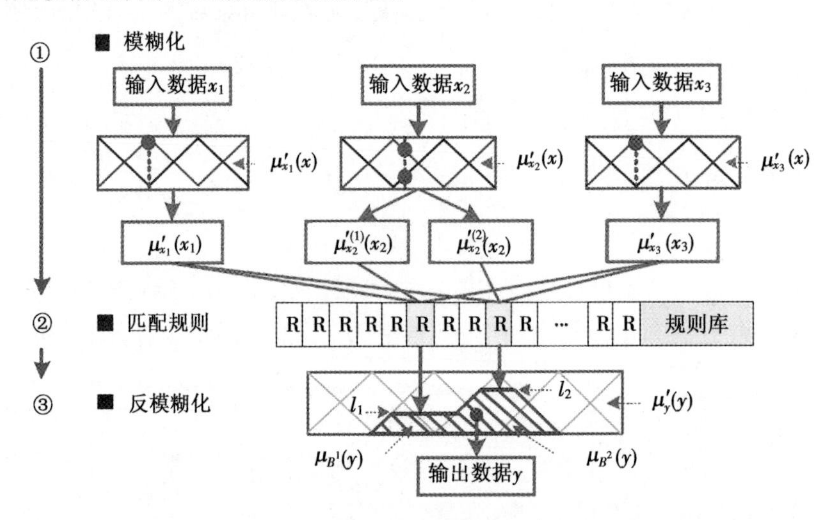

图 6.6　反向构建模糊逻辑系统的数据处理流程图

首先，使用构建好的前件隶属函数 $\mu'(x)$ 将清晰的输入数据处理成前件模糊集 $\mu'(x)$，如图 6.6 中数字①所示。由于构建出的模糊逻辑系统是单值的，因此系统每次只处理一个输入数据的样本。然后，使用得到的前件模糊集匹配规则，如图 6.6 中数字②所示。假设共有 M 条规则被触发，那么第 r 条规则的点火等级 l_r 可以通过下面的公式计算得出：

$$l_r = \mu'^{(r)}_{x_1}(x_1) \star \mu'^{(r)}_{x_2}(x_2) \star \cdots \star \mu'^{(r)}_{x_n}(x_n) \tag{6.16}$$

其中，$\mu'^{(r)}_{x_j}(x_j)$ 表示根据第 r 条规则计算出的清晰数据 x_j 的隶属度；★ 表示最小 t 范式运算[120]。

然后，使用点火等级 l_r 和优化后的后件隶属函数计算模糊输出：

$$\mu_{B^r}(y) = \mu'^{(r)}_{y}(y) \star l_r \tag{6.17}$$

其中，$\mu'^{(r)}_{y}(y)$ 表示第 r 条规则后件术语的隶属函数；$\mu_{B^r}(y)$ 表示计算出的模糊输出子集。

计算出所有规则的模糊输出子集后，将这些子集合并：

$$\mu_B(y) = \mu_{B^1}(y) \oplus \mu_{B^2}(y) \oplus \cdots \oplus \mu_{B^M}(y) \tag{6.18}$$

其中，$\mu_B(y)$ 表示合并后的模糊输出；$\oplus$ 是取得最大值的运算。

最后，通过计算 $\mu_B(y)$ 的重心进行模糊数据的反模糊化，得到清晰的输出数据：

$$\hat{y} = \frac{\sum_{\ulcorner y}^{\urcorner y} y \times \mu_B(y)}{\sum_{\ulcorner y}^{\urcorner y} \mu_B(y)} \tag{6.19}$$

其中，$\hat{y}$ 表示清晰的输出值。

至此，本章方法构建出的模糊逻辑系统可以通过上述的步骤处理目标黑盒模型的数据，达到与目标模型接近的数据处理效果。由于用于构建模糊逻辑系统的数据完全来自目标黑盒模型，同时模糊逻辑系统自身具有较强的非线性数据处理能力，因此构建出的模糊逻辑系统将具有良好的目标模型逼近效果，做到对目标模型的精确解释；此外，优化后的模糊逻辑系统大幅降低了系统的复杂度，因此可以更加简洁和清晰地解释目标黑盒模型。

6.3.3　提取知识与解释目标模型

模糊逻辑系统是基于规则的知识模型，因此可以使用模糊逻辑系统中的规则解释目标黑盒模型。本节在此基础上，对模糊逻辑系统进行了更进一步的处理，提出了一种多层级的知识提取方法，既可以取得目标模型概要性的全局知识，也能够取得目标模型详细的局部知识。图 6.7 为多层级知识提取方法的示意图。图中深灰色圆圈代表前件术语和后件术语，圆圈下面的数字代表术语所在规则被触发的次数。

6.3.3.1　提取全局知识

全局知识可以概括性地描述目标系统中输入数据和输出数据的主要关系。

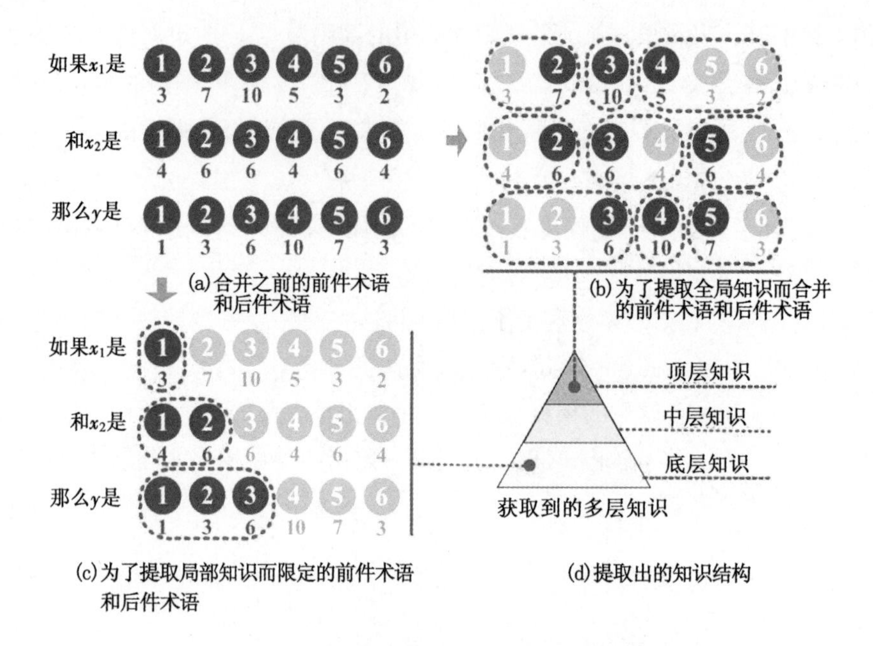

图 6.7　从模糊逻辑系统提取知识的示意图

为了得到全局知识，本章方法把模糊逻辑系统中全部的规则压缩成了若干个主要的规则，从而得到目标模型的整体运行逻辑。

由于规则库中的规则都是基于术语的，因此可以通过减少术语的数量达到缩减规则的目的。据此，本章方法将那些触发较少的术语与其相邻的术语进行了合并。为了将某个语言变量中的所有术语缩减为 t_i 个主要的术语，首先计算出每个主要术语的取值范围，计算方式如下：

$$N_i(v) = arg\min_J \left| \sum_{j=1}^{J} h(T_{x_i}^j) - \frac{v \times H}{t_i} \right|, v = 1, 2, \cdots, t_i \tag{6.20}$$

其中，$N_i(v)$ 表示语言变量中的第 i 个术语分割点；H 表示由拟合数据 D_x^r 所触发的所有规则的总次数[参见公式(6.15)]；$h(T_{x_i}^j)$ 表示包含了术语 $T_{x_i}^j$ 的所有规则的总触发次数。然后，定义 $N_i(0)=0$，那么在每一个分割单元中所有的术语将合并成一个主要的术语，计算如下：

$$T_{x_i}^c \leftarrow T_{x_i}^{N_i(v)+1} \cup T_{x_i}^{N_i(v)+2} \cup \cdots \cup T_{x_i}^{N_i(v+1)},$$
$$v = 0, 1, \cdots, t_i - 1 \tag{6.21}$$

其中，

$$c = \arg\max_j h(T_{x_i}^j), j \in (N_i(v), N_i(v+1)] \tag{6.22}$$

通过上述的处理，最终得到了主要的前件术语。与获取主要前件术语的方式相同，主要后件术语可以通过同样计算步骤得出。最后，使用得到的主要前件术语和主要后件术语，可以通过式(6.15)计算得出模型的主要规则 R'_g，如图 6.7(b)所示。

6.3.3.2　提取局部知识

局部知识描述了模型在某限定范围内的输入数据和输出数据之间的详细关系。本章方法通过缩小输入数据和输出数据的范围来得到模型的局部知识，如图 6.7(c)所示。具体表述如下：

$$R'_d = \{R' \mid x_1 \in [x_i^{\mathrm{l}}, x_i^{\mathrm{r}}], \cdots, x_n \in [x_i^{\mathrm{l}}, x_i^{\mathrm{r}}]\} \tag{6.23}$$

其中，R'_d 表示局部规则；$[x_i^{\mathrm{l}}, x_i^{\mathrm{r}}]$ 表示缩小范围后的输入数据。

值得注意的是，本章提出的知识提取方法可以针对实际应用的不同需求，综合使用全局知识提取策略和局部知识提取策略，从而得到不同层级的模型知识，灵活地满足实际需求，如图 6.7(d)所示。

至此，使用本章方法构建出的可解释模糊逻辑系统组建完毕。在此模糊逻辑系统中，规范定义的隶属函数和通过数据拟合构建出的规则可以保持模糊逻辑系统的简洁有效；针对前件术语、后件术语和规则的三个优化方法可以大幅减少模糊逻辑系统的复杂度，保证提取到的知识简单易懂；构建出的多层级知识提取方法可以获取到模型的全局知识和局部知识，满足现实应用中的不同需求。

6.4　验证与应用

6.4.1　实验设置

本节围绕本章提出的模型解释方法进行了四组实验，验证本章方法的有效性。实验选取了真实工业应用场景下的真实工业数据对本章方法进行验证。同时，实验采用了下述模型解释方法与本章方法进行对比，这些对比方法包括：线性回归解释法(LnR)[131]、逻辑回归解释法(LgR)[139]、广义线性模型解释法(GLM)[140]、基于决策树的解释方法(DT)[141]、基于回归树的解释方法(RT)[142]、K 近邻解释法(KNN)[143]和朴素贝叶斯解释法(NBC)[144]。

为了评估不同模型解释方法的性能，本章采用了以下评价指标对各解释方法进行定量评估：针对回归类模型的解释方法，本章选取了平均绝对误差

(MAE)和均方误差(MSE)作为评价指标；针对分类模型的解释方法，本章选取了精确率(Precision)P、召回率(Recall)R、F1 值(F1-Score)F、和准确率(Accuracy)A 作为评价指标。

本节实验具体设计如下：实验 1 采用了一个简单的数学函数作为目标黑盒模型，使用各类模型解释方法对其进行还原和解释。实验 2 和实验 3 使用了真实的风机数据，针对功率预测应用和故障检测应用分别建立了回归模型和分类模型作为目标黑盒模型，并使用各类模型解释方法对其进行还原和解释。实验 4 采用实际工业领域中的深度学习模型作为黑盒模型，使用各类模型解释方法解释从深度学习模型中提取出的深度特征。

6.4.2 实验 1：简单数学模型的解释实验

本实验采用一个简单的数学函数作为目标黑盒模型，从而直观地评估各个模型解释方法对目标模型的还原效果以及对模型的解释能力。实验的黑盒模型采用了业界广泛用于评价机器学习模型的数学函数[145]，其计算公式表示如下：

$$y = 0.2\,\mathrm{e}^{-(10x-4)^2} + 0.5\,\mathrm{e}^{-(80x-40)^2} + 0.3\,\mathrm{e}^{-(80x-20)^2} \tag{6.24}$$

其中，$x \in [0,1]$。图 6.8(a)所示为此函数的曲线图。

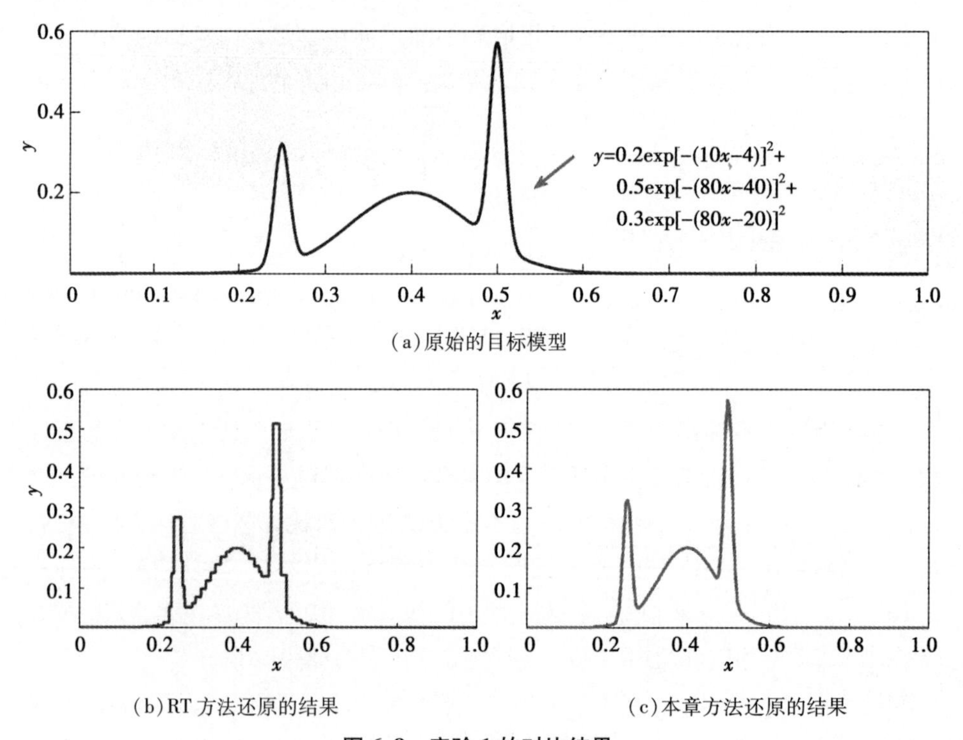

图 6.8 实验 1 的对比结果

实验使用了本章方法和回归树方法分别对目标模型进行解释：先从黑盒模型中等间隔采集 500 个数据样本；然后使用这些样本分别建立基于本章方法和基于回归树方法的解释模型；最后使用这两个方法分别对目标模型进行解释。

首先，比较各解释方法对目标模型的还原能力。图 6.8(b) 和图 6.8(c) 分别显示了使用回归树方法和本章方法还原出的目标黑盒模型曲线。从还原出的曲线可以发现：① 对于回归树方法，虽然还原出的曲线与目标黑盒模型的曲线走势相似，但是还原出的图像并不平滑，图像中的某些弧线处有很多细小的波动。因此可以看出，使用回归树方法得到的结果不能较为真实地反映出目标模型的实际情况。② 对于本章方法，其还原出的曲线更加平滑和逼真，比回归树方法更加接近目标黑盒模型的曲线。因此，从对比结果可以看出：本章方法具有更好地还原目标黑盒模型的能力，从而本章方法能够更加准确地解释目标黑盒模型。

然后，对比解释模型的复杂度。两个对比方法经过建模后，各自的复杂度如下所示：① 对于回归树方法，模型建立后，得到了合计 84 个节点的树形结构；② 对于本章方法，模型建立后，得到了 48 个线性解释规则。可以看出，本章方法的复杂度要比回归树方法的复杂度低很多，因此本章方法能够更加简洁地解释目标黑盒模型。

此外，与其他模型解释方法相比，本章方法可以更进一步地提取目标黑盒模型各个层级的知识：① 图 6.9 显示了从目标黑盒模型中提取出的全局知识。经过本章方法的处理，共提取出了目标黑盒模型的 11 个主要规则。可以看出，这些主要规则很好地反映出了该函数曲线的基本走向。② 图 6.10 显示了从目标黑盒模型中提取出的自变量在[0.25, 0.35]范围内的局部知识。可以看出，在这个局部范围内，各个术语被设置得更加具体，得到的知识也可以更加准确地反映出目标函数在该局部范围内的走势。

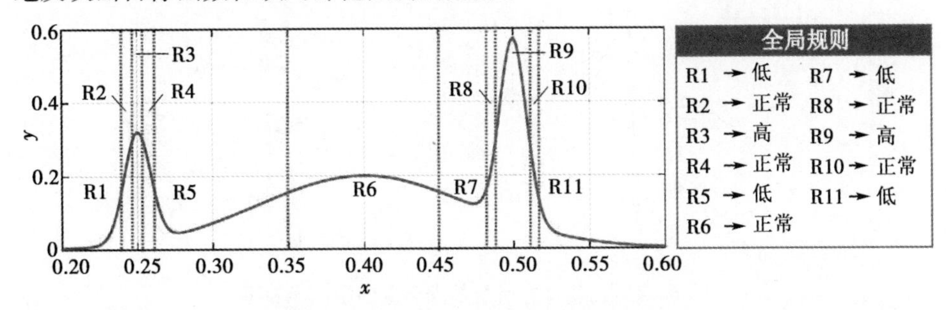

图 6.9　从目标模型提取出来的全局知识

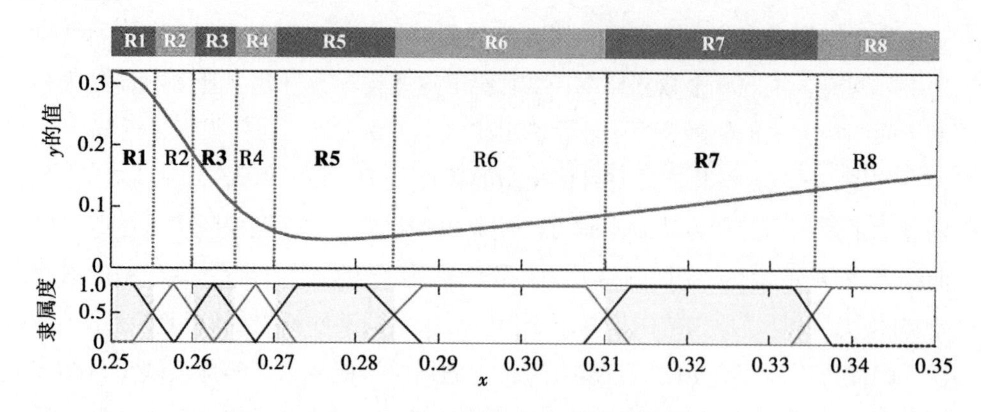

图 6.10　从目标模型提取出来的局部知识

通过本实验的结果可以看出，与应用广泛的回归树解释方法相比，本章方法能够更加有效地解释目标黑盒模型。

6.4.3　实验 2：回归黑盒模型的解释实验

本节实验的目的是：验证本章方法在解释实际应用中回归类黑盒模型的有效性。

本实验选取了风电功率预测的实际应用场景，使用功率预测回归模型作为目标黑盒模型，验证各解释方法的有效性。实验使用了中国北部某风场真实的 SCADA 数据，用风速数据(wind speed，WS)、叶片角度数据(pitch angle，PA)和偏航角度数据(yaw angle，YA)预测生成有功功率数据(active power，AP)，如图 6.11 所示。

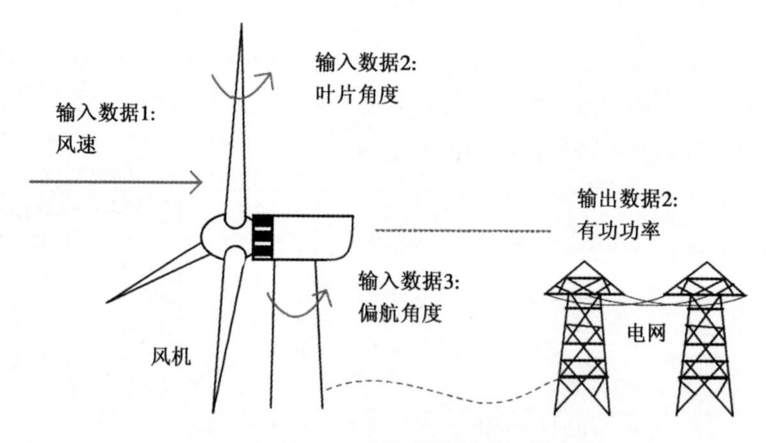

图 6.11　实验 2 中所用数据变量的说明示意图

首先，构建目标黑盒模型。本实验使用了应用广泛的人工神经网络作为目标黑盒模型，并使用真实的风机数据训练此模型，使之可以使用上述的三种数据来预测风机的有功功率数据。然后，本实验分别使用线性回归解释法(LnR)、广义线性模型解释法(GLM)、回归树解释法(RT)以及本章方法分别对该黑盒模型进行解释。

表 6.1 列出了四种解释方法对目标黑盒模型的还原效果。可以看出，本章方法在所有四个评价指标中均拥有最小的评价值，这表明与其他三种解释方法相比，本章方法能够更加真实地还原目标黑盒模型，进而能够更加准确地解释目标黑盒模型。

表 6.1　实验 2 的实验结果

方法	MAE		MSE	
	Ave.	Sd.	Ave.	Sd.
LnR 方法	0.0580	0.0049	0.0065	0.0011
GLM 方法	0.0505	0.0034	0.0055	0.0007
DTR 方法	0.0485	0.0039	0.0058	0.0008
本章方法	0.0358	0.0024	0.0026	0.0003

使用本章方法从不同层级解释目标黑盒模型，解释出的局部知识和全局知识具体描述如下：

(1)使用本章方法提取出的局部知识

图 6.12 和表 6.2 列举了使用本章方法提取出的黑盒模型局部知识；图 6.12 描述了使用本章方法计算出的术语以及每个术语的范围；表 6.2 列举了一

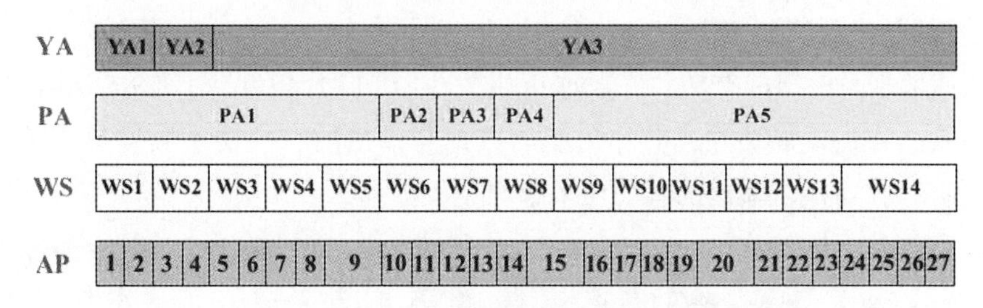

图 6.12　实验 2 中四个语言变量各术语的范围示意图

些从黑盒模型中提取出的规则。通过得到的局部知识可以发现：① 模型的输入输出变量都被划分成了拥有不同取值范围的多个术语，同时使用这些术语组成的规则实现了对目标模型的解释；② 从列举出的规则可以看出，使用本章方法生成的规则十分简捷，并且规则的触发率可以反映出此规则在整个目标模型中的重要程度。实验结果表明，本章方法可以有效地从黑盒模型中提取局部知识。

表 6.2　实验 2 中提取出的规则

序号	触发占比/%	规则
1	4.5	If YA(1) And PA(3) And WS(3) Then AP(2)
2	2.9	If YA(1) And PA(3) And WS(4) Then AP(4)
3	1.5	If YA(1) And PA(2) And WS(2) Then AP(2)

(2)使用本章方法提取出的全局知识

图 6.13 和图 6.14 列举了使用本章方法提取出的黑盒模型全局知识：图 6.13 显示了为了提取全局知识而压缩后的术语及每个术语的范围；图 6.14 列出了从目标黑盒模型中提取出的 23 条全局规则。从提取出的全局知识可以看出，经过处理后，各语言变量的术语都得到了压缩，同时得到的全局规则可以从整体上概要地说明黑盒模型的主要工作逻辑。

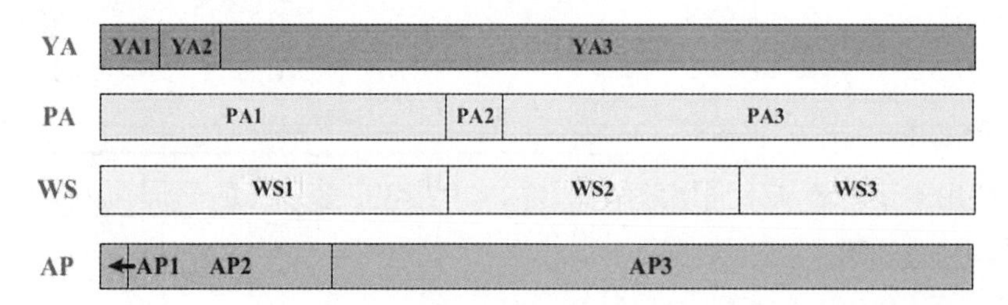

图 6.13　实验 2 中四个语言变量各术语(用于提取全局知识)的范围示意图

基于图 6.14 中列出的全局规则(客观的)，可以推断出一些对目标黑盒模型的理解(主观的)，描述如下：①“风速”对风机输出的有功功率影响最大，并且风速数据与输出的有功功率数据正相关；②“叶片角度”对风机输出的有功功率有一定的影响，并且叶片角度的数据与输出的有功功率数据负相关；③“偏航角度”对风机输出的有功功率影响较小。

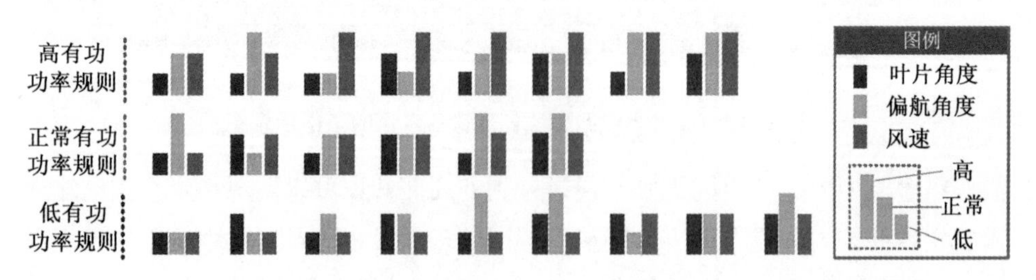

图 6.14　实验 2 中提取出用于解释目标模型的全局知识的示例

从实验结果可以看出，本章方法可以有效地解释实际应用中回归类型的黑盒模型。

6.4.4　实验 3：分类黑盒模型的解释实验

本节实验的目的是：验证本章方法在解释实际应用中分类型的黑盒模型的有效性。

本实验使用了与实验 2 相同的风机 SCADA 数据，对风机齿轮箱的故障进行检测。实验使用以下四类输入数据检测风机的齿轮箱故障，这四类数据分别是：发电机表面温度（GnT）、发电机轴承温度（GnBT）、齿轮箱轴承温度（GrBT），齿轮箱油温度（GrOT）。首先，使用人工神经元网络模型作为目标黑盒模型，使用真实的样本数据对其进行训练，使之能够有效地检测此齿轮箱故障；然后，分别使用逻辑回归解释法（LgR）、决策树解释法（DT）、K 近邻解释法（KNN）、朴素贝叶斯解释法（NBC）和本章方法对黑盒模型进行解释。

表 6.3 显示了各模型解释方法对目标黑盒模型逼近的对比结果。从结果可以看出：① 使用本章方法得到的全部四项评价指标的值均高于其他解释方法的指标值；② 使用本章方法得到的各项评价指标的标准差也相对较低。因此，该实验结果表明，本章方法具有最好的黑盒模型逼近效果，相对于其他的对比方法，本章方法可以更加准确地解释目标黑盒模型。

表 6.3　实验 3 中各方法对比结果　%

方法	准确率		精确率		召回率		F1 分数	
	Ave.	Sd.	Ave.	Sd.	Ave.	Sd.	Ave.	Sd.
KNN 方法	89.0	3.1	89.7	3.9	85.3	5.6	87.3	3.5
NBC 方法	84.6	7.2	88.6	9.2	76.1	8.9	81.5	7.2
LgR 方法	87.5	3.6	88.6	5.4	84.0	8.8	89.5	5.2
DT 方法	90.7	2.6	89.8	6.3	90.8	4.2	90.1	2.8
本章方法	96.4	2.9	95.7	5.5	97.2	3.3	96.3	2.7

图 6.15 显示了在本实验中，对目标黑盒模型逼近效果最佳的两个方法（决策树方法和本章方法）复杂度的对比情况。从图中可以发现：① 决策树方法的结构比本章方法的结构复杂很多，使用决策树方法得到的树模型共有 19 层，如此多的层数使解释出的内容很难理解；② 与决策树方法相比，本章方法的每个规则均只有 4 个前件，这使解释出的规则更易于理解。此外，从图 6.15 中列举出的两个例子可以看出，本章方法提取出的规则更加简捷。

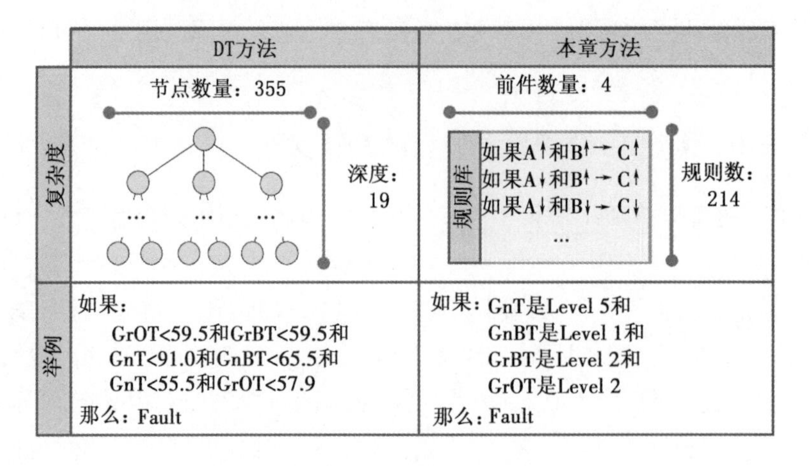

图 6.15　实验 3 中模型解释方法的比较

实验结果表明，本章方法不仅在目标模型逼近效果上优于决策树方法，而且所解释出的规则更易于理解；如果使这两个方法的复杂度相似，那么本章方法的目标模型逼近效果将大幅高于决策树方法，这表明本章方法在解释黑盒模型方面要优于业界常用的决策树方法，本章所提出的方法是一种更为有效的模型解释方法。

因此从本节实验的结果可以看出，本章提出的模型解释方法可以有效地解释实际应用中的分类型黑盒模型。

6.4.5　实验 4：深度学习特征的解释实验

本实验的目的是：验证本章方法解释从深度学习模型中提取出的深度特征的有效性。

本实验基于深度学习方法，使用工业 X 光图像来检测长输油气管道焊缝的缺陷。X 光图像是一种在工业领域广泛用于检测金属缺陷的典型图像。实验选取了位于中国东部、一段长约 90 公里的输油管线的焊缝 X 光图像作为实验图像。首先，实验选用深度栈式自编码器(stacked auto encoder, SAE)作为目标黑盒模型，并使用真实的样本训练此黑盒模型。深度栈式自编码器可以将输入的图像映射成四个深度特征，然后使用提取出的深度特征对图像中的缺陷进行分类检测。本实验分别使用朴素贝叶斯解释法、K 邻近解释法、逻辑回归解释法、决策树解释法和本章方法分别对提取出的深度特征进行解释。

图 6.16 显示了所有解释方法对目标黑盒模型逼近的对比结果。从结果可以看出，使用本章方法得到的各项评价指标均为最高，这表明与其他模型解释

方法相比，本章方法具有最佳的目标模型逼近效果，因此本章方法能够更加准确地解释目标模型。本章方法的优势得益于本章提出的模糊逻辑系统的独特结构，本章提出的模糊逻辑系统对非线性数据关系具有良好的处理能力，因此在所有对比方法中，本章方法取得了最好的性能指标。

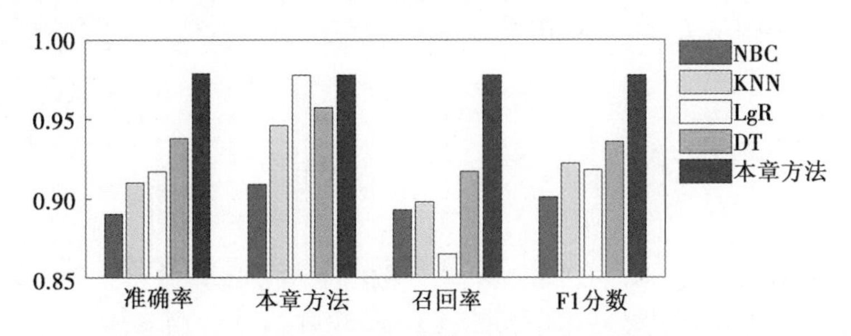

图6.16　实验4中各方法的目标模型还原效果

此外，图6.17列举了本章方法解释正常数据和缺陷数据的两个例子，被检测的图片列在了左边，解释出的主要规则列在了右边。从这两个例子可以看出，本章方法解释出的规则十分简洁且易于理解。

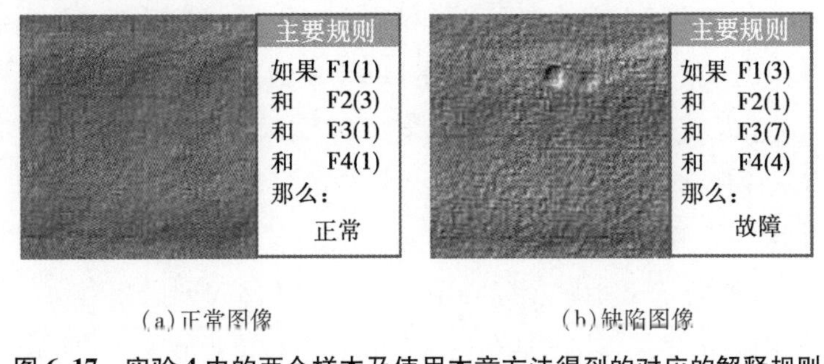

(a)正常图像　　(b)缺陷图像

图6.17　实验4中的两个样本及使用本章方法得到的对应的解释规则

从本节实验的结果可以看出，本章提出的模型解释方法可以有效地解释深度学习模型中的深度特征。

6.4.6　实验总结

本节共开展了四组对比实验，从不同的角度验证了本章方法的有效性。本章方法属于原生的可解释模型，这里使用了大量原生可解释模型与之进行了对比。从对比结果看出，本章方法不仅在逼近目标黑盒模型方面具有良好的性能，而且从目标黑盒模型中提取出的知识也十分简洁、易于理解。

与其他种类的模型解释方法相比：对于基于统计学的模型解释方法和基于

典型样本举例的模型解释方法，它们在分析目标模型的统计特征，以及在使用例子直观显示目标模型的运行逻辑方面要优于本章方法；但是与之相比，本章方法可以更全面地解释目标模型。对于那些为了某些特定的神经网络而设计的解释方法而言，这些方法在解释特定的网络方面很出色，但是与之相比，本章方法的适用范围更为广泛，可用于解释各种类型的黑盒模型。

6.5 本章小结

随着机器学习模型在风机故障检测领域的不断发展和应用，黑盒机器学习模型的可解释在风机乃至整个工业领域都变得愈加重要。本章针对小样本条件下风机故障检测模型的可解释课题进行了研究，提出了一种基于数据驱动和模糊逻辑系统的黑盒模型解释方法。首先，本章提出了一种反向构建模糊逻辑系统的方法，使用数据驱动的方式分别构建了模糊逻辑系统的前件、后件和规则；然后，针对反向构建出的模糊逻辑系统，提出了三种优化方法，分别优化了模糊逻辑系统的前件术语、后件术语及模糊规则，从而大幅度降低了所建模糊逻辑系统的复杂度，使提取出的知识更易于理解；最后，本章提出了一种多层级知识提取方法，从优化后的模糊逻辑系统中综合提取出不同层面的全局知识和局部知识，从而使本方法能够满足实际应用中的多种需求。

本章共开展了四组实验，从不同的角度验证本章方法的有效性。实验结果表明，本章方法能够有效地解释分类型黑盒模型和回归型黑盒模型。与其他模型解释方法相比：① 本章方法具有更好的目标模型逼近效果，从而可以更准确地解释目标黑盒模型；② 本章方法的复杂度更低，解释出的规则更加简洁和易于理解；③ 本章方法可以提取出不同层级的知识，从多方面满足现实中不同应用的需求。本章方法可以使小样本条件下训练出的黑盒风机故障检测模型变得可解释，从而提升了风机故障检测的可靠性。

第7章　总　结

随着人工智能技术的快速发展及其在工业领域的不断应用，基于人工智能和数据驱动的风机故障检测方法越来越受到业界的关注。然而，大多数此类方法都需要充足的数据样本来训练模型，而在风机的故障检测中，能收集到的故障样本数量是相对较少的，难以满足模型训练的要求。因此，小样本条件下的风机故障检测无论在学术界还是在实际应用中都是十分重要的。本书以小样本条件下的风机故障检测为课题，对国内外风机故障检测的发展和现状进行了综述。并针对小样本的问题，分别从生成故障样本角度、数据特征映射角度、不确定性推理角度、多变因素推理角度进行了深入研究，同时也对风机故障检测黑盒模型的可解释问题进行了研究。

① 从生成故障样本角度，本书提出了一种基于生成对抗网络的故障样本生成方法，使用充足的生成样本解决故障样本数量不足的问题。首先基于先验知识和数据的相关性，构建出粗略的故障样本；然后使用改进的生成对抗网络将粗略的故障样本优化成逼真的故障样本；最后，使用充足的生成样本训练检测模型，进而从生成故障样本的角度实现了小样本条件下的风机故障检测。

② 从数据特征映射角度，本书提出了一种基于难样本挖掘的特征映射风机故障检测方法。首先提出了一种针对风机故障数据的难样本挖掘方法，挖掘出适合训练特征映射模型的难样本；同时根据风机的数据特征，优化了训练样本的连续性；然后提出了一种基于改进三元组的特征映射方法，在特征空间识别风机的故障，进而从数据映射的角度实现了小样本条件下的风机故障检测。

③ 从不确定性推理角度，本书提出了一种基于非单值输入和扩展术语及规则的模糊推理故障检测方法。首先将风机预测偏差数据的概率密度转换成模糊推理系统的非单值输入，使模糊推理可以有效地应对数据的不确定性；然后提出了一种模糊推理系统术语和检测规则的扩展方法；最后构建出非单值的模糊推理系统，进而从不确定推理的角度实现了小样本条件下的风机故障检测。

④ 从多变因素推理角度，本书提出了一种基于多维隶属函数和集成隶属度

的风机故障检测方法。首先依据风机所处的多变环境的特征，提出了一种针对风机环境建模的多维隶属函数构建方法；然后依据风机数据的不同状况，提出了一种数据分段加权和隶属度集成的计算方法；最后构建出基于多维隶属函数的模糊推理系统，进而从多变因素推理的角度实现了小样本条件下的风机故障检测。

⑤ 为了增强小样本条件下风机故障检测模型的可靠性，本书提出了一种基于数据驱动的机器学习黑盒模型解释方法。首先使用数据驱动的方式反向构建一个与目标黑盒模型接近的模糊逻辑系统；然后提出了三种优化方法，分别对模糊逻辑系统的前件、后件和规则进行优化，减少模糊逻辑系统的复杂度，使模型变得更易解释；最后提出了一种多层级的知识提取方法，利用提取出的知识解释黑盒模型，从而增强了风机故障检测模型的可靠性。

本书提出的方法均使用了陆上风机的真实数据进行了实验验证，本书方法对于海上风机同样具有适用性。经过软件化的本书方法可以部署在风场中，通过数据挖掘消除冗余信息，检测小样本条件下的风机故障。

随着研究的不断深入，风机故障检测方法的种类变得越来越丰富，检测的效果也变得越来越好，很多方法都已经得到了广泛的应用和实践。然而，虽然风机故障检测已经取得了众多的成就，但是在实际的应用中，仍有很多问题有待深入地研究和彻底地解决。随着越来越多新型检测技术的不断提出，以及物联网技术的不断发展，在检测风机故障的过程中，能够使用的数据和手段也变得越来越多，很多新的方向均有望解决目前风机故障检测中存在的问题。基于本书的研究内容，可以从以下几个方面继续深入地探索小样本条件下的风机故障检测：将数据驱动与故障机理相结合，进一步提高风机故障的检测效果；研究同类故障、不同风机之间故障数据关系，通过迁移的方式扩大故障样本的数量；在故障样本生成中，研究使用已有真实故障数据来不断地修正生成故障数据的机制，使生成的故障数据更加逼近真实的故障数据。

此外，这里将未来几个可能继续深入的研究方向展望如下：

① 基于零样本学习的风机故障检测。随着知识建模和知识迁移技术的不断发展，目前在人工智能领域，已经可以做到通过模拟人类的联想建立较为完善的知识体系模型。因此，可以根据此类技术构建出不需要训练样本的零样本风机故障检测模型，用于识别那些提取不到样本的风机故障。

② 基于大数据迁移的风机故障检测。随着 5G 技术的不断发展，风机数据

的云采集将变得更加容易。由此，可以使用更多的数据，在更高一级的风机集控中心针对几百台甚至上千台风机做大数据分析，结合天气数据、地理数据等辅助信息，通过大数据的迁移模型来检测个体风机的故障。

③ 低计算量的嵌入式风机故障检测。随着人工智能技术的不断精化，越来越多的机器学习模型都在不断地降低自身的复杂度。由此，可以针对风机的故障检测构建出样本使用量和在线计算量都少的故障检测算法，并通过不断优化，将算法集成在嵌入式设备中，完成一体化的嵌入式故障检测。

目前风机故障检测技术发展迅速，取得了众多的进展，但仍有很多尚未解决的问题以及有待突破的技术需要不断地深入研究。新一代人工智能技术和通信存储技术的飞速发展将给风机故障检测带来新的变革。可以相信，随着学术界和产业界对新技术的不断研究，风机故障检测势必将得到突破性的进展。

参考文献

[1] 习近平在第七十五届联合国大会一般性辩论上发表重要讲话[EB/OL].[2020-09-22]. http://www. xinhuanet. com/politics/leaders/2020-09/22/c_1126527647. htm.

[2] 2021年政府工作报告[EB/OL].[2021-03-05].http://www.gov.cn/zhuanti/2021lhzfgzbg/index.htm? _zbs_baidu_bk.

[3] 《新时代的中国能源发展》白皮书[EB/OL].[2020-12-21].http://www.gov.cn/zhengce/2020-12/21/content_5571916. htm.

[4] 卢正帅,林红阳,易杨.风电发展现状与趋势[J].中国科技信息,2017(6):14.

[5] 王海杰,罗伟,鹿杰.新能源发电项目消纳能力研究综述[J].电气开关,2018,56(5):12-16.

[6] 刘彦红.供电,减排,就业:全球风能发展的驱动力[J].风能,2015(6):54-57.

[7] 中丹可再生能源发展项目办公室:中国可再生能源发展路线图(2050)[R].2014:10-11.

[8] MAHMOUD T K,DONG Z Y,MA J.A developed integrated scheme based approach for wind turbine intelligent control[J].IEEE Transactions on Sustainable Energy,2017,8(3):927-937.

[9] LEITE G D N P,ARAÚJO A M,ROSAS P A C.Prognostic techniques applied to maintenance of wind turbines:a concise and specific review[J].Renewable and Sustainable Energy Reviews,2018,81:1917-1925.

[10] ARTIGAO E,MARTÍN-MARTÍNEZ S,HONRUBIA-ESCRIBANO A,et al. Wind turbine reliability:a comprehensive review towards effective condition monitoring development[J].Applied Energy,2018,228:1569-1583.

[11] LI Z,OUTBIB R,GIURGEA S,et al.Online implementation of SVM based

fault diagnosis strategy for PEMFC systems[J].Applied Energy,2016,164:284-293.

[12] WANG Y,MA X,QIAN P.Wind turbine fault detection and identification through PCA-based optimal variable selection[J].IEEE Transactions on Sustainable Energy,2018,9(4):1627-1635.

[13] HELSEN J,DEVRIENDT C,WEIJTJENS W,et al.Condition monitoring by means of SCADA analysis[C]//Proceedings of European Wind Energy Association International Conference Paris,2015.

[14] ZHOU C,ZHU H Q,WEI J,et al.Status quo and problems analysis of wind power generation in China[J].Energy Research and Information,2012,28(2):69-75.

[15] TAVNER P.How are we going to make offshore wind farms more reliable?[J].Supergen Wind,2011.

[16] QIAO W,LU D.A survey on wind turbine condition monitoring and fault diagnosis:part i:components and subsystems[J].IEEE Transactions on Industrial Electronics,2015,62(10):6536-6545.

[17] GONG X,QIAO W.Imbalance fault detection of direct-drive wind turbines using generator current signals[J].IEEE Transactions on Energy Conversion,2012,27(2):468-476.

[18] 徐启圣,白琨,徐厚昌,等.风电齿轮箱状态监测和故障诊断的研究现状及发展趋势[J].润滑与密封,2019,44(8):138-147.

[19] RIBRANT J,BERTLING L M.Survey of failures in wind power systems with focus on Swedish wind power plants during 1997—2005[J].IEEE Transactions on Energy Conversion,2007,22(1):167-173.

[20] WILKINSON M R,SPINATO F,TAVNER P J.Condition monitoring of generators other subassemblies in wind turbine drive trains[C]//2007 IEEE International Symposium on Diagnostics for Electric Machines,Power Electronics and Drives,2007:388-392.

[21] CASTELLANI F,ASTOLFI D,SDRINGOLA P,et al.Analyzing wind turbine directional behavior:SCADA data mining techniques for effciency and power assessment[J].Applied Energy,2017,185:1076-1086.

[22] TENG W, WANG F, ZHANG K, et al. Pitting fault detection of a wind turbine gearbox using empirical mode decomposition[J]. Strojniški vestnik-Journal of Mechanical Engineering, 2014, 60(1): 12-20.

[23] CHEN B, ZAPPALÁ D, CRABTREE C J, et al. Survey of commercially available condition monitoring systems for wind turbines[R]. Durham Univ. School Eng. Comput. Sci. Supergen Wind Energy Technol., 2014.

[24] RUSIŃSKI E, STAMBOLISKA Z, MOCZKO P. Proactive condition monitoring of low-speed machines[M]//Proactive Condition Monitoring of Low-Speed Machines. Cham Switzerland Springer International Publishing, 2015: 53-68.

[25] CHEN X, XU W, LIU Y, et al. Bearing corrosion failure diagnosis of doubly fed induction generator in wind turbines based on stator current analysis[J]. IEEE Transactions on Industrial Electronics, 2020, 67(5): 3419-3430.

[26] DE AZEVEDO H D M, ARAÚJO A M, BOUCHONNEAU N. A review of wind turbine bearing condition monitoring: state of the art and challenges[J]. Renewable and Sustainable Energy Reviews, 2016, 56: 368-379.

[27] CHEN B, MATTHEWS P C, TAVNER P J. Automated on-line fault prognosis for wind turbine pitch systems using supervisory control and data acquisition [J]. IET Renewable Power Generation, 2015, 9(5): 503-513.

[28] JIN X, XU Z, QIAO W. Condition monitoring of wind turbine generators using SCADA data analysis[J]. IEEE Transactions on Sustainable Energy, 2021, 12 (1): 202-210.

[29] SHAO H, GAO Z, LIU X, et al. Parameter-varying modelling and fault reconstruction for wind turbine systems[J]. Renewable Energy, 2018, 116: 145-152.

[30] LIU Z, WANG X, ZHANG L. Fault diagnosis of industrial wind turbine blade bearing using acoustic emission analysis[J]. IEEE Transactions on Instrumentation and Measurement, 2020, 69(9): 6630-6639.

[31] WEI T, XIAN D, HAO C, et al. Compound faults diagnosis and analysis for a wind turbine gearbox via a novel vibration model and empirical wavelet transform[J]. Renewable Energy, 2019, 136: 393-402.

[32] SILVIO S, CIHAN T. Fault diagnosis of a wind turbine simulated model via

neural networks[J].IFAC-Papers On Line,2018,51(24):381-388.

[33] CHENG F,QU L,QIAO W,et al.Fault diagnosis of wind turbine gearboxes based on DFIG stator current envelope analysis[J].IEEE Transactions on Sustainable Energy,2019,10(3):1044-1053.

[34] WATSON S J,XIANG B J,YANG W,et al.Condition monitoring of the power output of wind turbine generators using wavelets[J].IEEE Transactions on Energy Conversion,2010,25(3):715-721.

[35] ANTONIADOU I,MANSON G,STASZEWSKI W,et al.A time-frequency analysis approach for condition monitoring of a wind turbine gearbox under varying load conditions[J].Mechanical Systems and Signal Processing,2015,64:188-216.

[36] GRAY C S,WATSON S J.Physics of failure approach to wind turbine condition based maintenance[J].Wind Energy,2010,13(5):395-405.

[37] ZAHER A,MCARTHUR S,INFIELD D G,et al.Online wind turbine fault detection through automated SCADA data analysis[J].Wind Energy,2009,12(6):574-593.

[38] GONG X,QIAO W.Bearing fault diagnosis for direct-drive wind turbines via current-demodulated signals[J].IEEE Transactions on Industrial Electronics,2013,60(8):3419-3428.

[39] MOJALLAL A,LOTFIFAR S.Multi-physics graphical model-based fault detection and isolation in wind turbines[J].IEEE Transactions on Smart Grid,2018,9(6):5599-5612.

[40] QIAO W,LU D.A survey on wind turbine condition monitoring and fault diagnosis:part ii:signals and signal processing methods[J].IEEE Transactions on Industrial Electronics,2015,62(10):6546-6557.

[41] 王增平,杨国生,汤涌,等.基于特征影响因子和改进 BP 算法的直驱风机风电场建模方法[J].中国电机工程学报,2019,39(9):2604-2615.

[42] 林涛,杨欣,蔡睿琪,等.基于改进人工蜂群算法的 Elman 神经网络风机故障诊断[J].可再生能源,2019,37(04):612-617.

[43] 林涛,刘刚,蔡睿琪,等.基于轴承温度的风机齿轮箱故障预警研究[J].可再生能源,2018,36(12):1877-1882.

[44] JU L,SONG D,SHI B,et al.Fault predictive diagnosis of wind turbine based on LM arithmetic of artificial neural network theory[C]//2011 Seventh International Conference on Natural Computation,2011(1):575-579.

[45] BANGALORE P,TJERNBERG L B.An approach for self evolving neural network based algorithm for fault prognosis in wind turbine[C]//2013 IEEE Grenoble Conference,2013:1-6.

[46] HOU G,JIANG P,WANG Z,et al.Research on fault diagnosis of wind turbine control system based on artificial neural network[C]//2010 8th World Congress on Intelligent Control and Automation,2010:4875-4879.

[47] SCHLECHTINGEN M,SANTOS I F,ACHICHE S.Using data-mining approaches for wind turbine power curve monitoring:a comparative study[J].IEEE Transactions on Sustainable Energy,2013,4(3):671-679.

[48] 王宇鹏,王致杰,刘琦,等.基于动态柯西蜂群算法优化支持向量机的风机叶片故障诊断[J].电气工程学报,2018,13(1):16-22.

[49] ZENG J,LU D,ZHAO Y,et al.Wind turbine fault detection and isolation using support vector machine and a residual-based method[C]//American Control Conference,2013:3661-3666.

[50] TANG B,SONG T,LI F,et al.Fault diagnosis for a wind turbine transmission system based on manifold learning and Shannon wavelet support vector machine[J].Renewable Energy,2014,62:1-9.

[51] WANG L,ZHANG Z.Automatic detection of wind turbine blade surface cracks based on UAV-taken images[J].IEEE Transactions on Industrial Electronics,2017,64(9):7293-7303.

[52] GANGSAR P,TIWARI R.Comparative investigation of vibration and current monitoring for prediction of mechanical and electrical faults in induction motor based on multiclass-support vector machine algorithms[J].Mechanical Systems and Signal Processing,2017,94:464-481.

[53] 陈维刚,张会林.基于 RF-LightGBM 算法在风机叶片开裂故障预测中的应用[J].电子测量技术,2020,43(1):162-168.

[54] 王栋璀,丁云飞,朱晨烜,等.基于小波包和改进核最近邻算法的风机齿轮箱故障诊断方法[J].电机与控制应用,2019,46(1):108-113.

[55] GUO P,IFIELD D,YANG X.Wind turbine generator condition-monitoring using temperature trend analysis[J].IEEE Transactions on Sustainable Energy,2012,3(1):124-133.

[56] LIU Y,WU Z,WANG X.Research on fault diagnosis of wind turbine based on SCADA data[J].IEEE Access,2020,8:185557-185569.

[57] WEI L,QIAN Z,ZAREIPOUR H.Wind turbine pitch system condition monitoring and fault detection based on optimized relevance vector machine regression[J].IEEE Transactions on Sustainable Energy,2020,11(4):2326-2336.

[58] ZHANG D,QIAN L,MAO B,et al.A data-driven design for fault detection of wind turbines using random forests and XGB oost[J].IEEE Access,2018,6:21020-21031.

[59] JIANG G,HE H,YAN J,et al.Multiscale convolutional neural networks for fault diagnosis of wind turbine gearbox[J].IEEE Transactions on Industrial Electronics,2019,66(4):3196-3207.

[60] 李东东,王浩,杨帆,等.基于一维卷积神经网络和Soft-Max分类器的风电机组行星齿轮箱故障检测[J].电机与控制应用,2018,45(6):80-87.

[61] SAMIRA Z,MOOSA A.Simultaneous fault diagnosis of wind turbine using multichannel convolutional neural networks[J].ISA Transactions,2021,108:230-239.

[62] ZHANG J,XU B,WANG Z,et al.An FSK-MBCNN based method for compound fault diagnosis in wind turbine gearboxes[J].Measurement,2021,172:108933.

[63] XU Z,LI C,YANG Y.Fault diagnosis of rolling bearing of wind turbines based on the variational mode decomposition and deep convolutional neural networks[J].Applied Soft Computing,2020,95:106515.

[64] 赵洪山,闫西慧,王桂兰,等.应用深度自编码网络和XGBoost的风电机组发电机故障诊断[J].电力系统自动化,2019,43(1):81-86.

[65] JIANG G,XIE P,HE H,et al.Wind turbine fault detection using a denoising autoencoder with temporal information[J].ASME Transactions on Mechatronics,2018,23(1):89-100.

[66] LU C, WANG Z Y, QIN W L, et al. Fault diagnosis of rotary machinery components using a stacked denoising autoencoder-based health state identification [J]. Signal Processing, 2017, 130: 377-388.

[67] WU X, JIANG G, WANG X, et al. A multi-level-denoising autoencoder approach for wind turbine fault detection [J]. IEEE Access, 2019, 7: 59376-59387.

[68] ZHAO H, LIU H, HU W, et al. Anomaly detection and fault analysis of wind turbine components based on deep learning network [J]. Renewable Energy, 2018, 127: 825-834.

[69] 曹渝昆,巢俊乙,王晓飞.基于 LSTM 神经网络的风机齿轮带断裂故障预测[J].电气自动化,2019,41(4):92-95.

[70] LI M, YU D, CHEN Z, et al. A data-driven residual-based method for fault diagnosis and isolation in wind turbines [J]. IEEE Transactions on Sustainable Energy, 2019, 10(2): 895-904.

[71] CHEN H, LIU H, CHU X, et al. Anomaly detection and critical SCADA parameters identification for wind turbines based on LSTM-AE neural network [J]. Renewable Energy, 2021, 172: 829-840.

[72] XIANG L, WANG P, YANG X, et al. Fault detection of wind turbine based on SCADA data analysis using CNN and LSTM with attention mechanism [J]. Measurement, 2021, 175: 109094.

[73] 李梦诗,余达,陈子明,等.基于深度置信网络的风力发电机故障诊断方法[J].电机与控制学报,2019,23(2):114-122.

[74] 夏候凯顺,李波.基于深度置信网络的双馈风机变换器开路故障诊断[J].电力工程技术,2021,40(1):188-194.

[75] LONG H, SANG L, WU Z, et al. Image-based abnormal data detection and cleaning algorithm via wind power curve [J]. IEEE Transactions on Sustainable Energy, 2020, 11(2): 938-946.

[76] MAGDA R, LUIS E M, SANTIAGO A, et al. Wind turbine fault detection and classification by means of image texture analysis [J]. Mechanical Systems and Signal Processing, 2018, 107: 149-167.

[77] VIVES J, QUILES E, GARCÍA E. AI techniques applied to diagnosis of vibra-

tions failures in wind turbines[J].IEEE Latin America Transactions,2020,18(8):1478-1486.

[78] YU X,TANG B,ZHANG K.Fault diagnosis of wind turbine gearbox using a novel method of fast deep graph convolutional networks[J].IEEE Transactions on Instrumentation and Measurement,2021,70:1-14.

[79] WANG J,QIAO W,QU L.Wind turbine bearing fault diagnosis based on sparse representation of condition monitoring signals[J].IEEE Transactions on Industry Applications,2019,55(2):1844-1852.

[80] ZHANG K,TANG B,DENG L,et al.A fault diagnosis method for wind turbines gearbox based on adaptive loss weighted meta-ResNet under noisy labels[J].Mechanical Systems and Signal Processing,2021,161:107963.

[81] KONG Y,WANG T,FENG Z,et al.Discriminative dictionary learning based sparse representation classification for intelligent fault identification of planet bearings in wind turbine[J].Renewable Energy,2020,152:754-769.

[82] PU Z,LI C,ZHANG S,et al.Fault diagnosis for wind turbine gearboxes by using deep enhanced fusion network[J].IEEE Transactions on Instrumentation and Measurement,2021,70:1-11.

[83] CHEN L,XU G,ZHANG Q,et al.Learning deep representation of imbalanced SCADA data for fault detection of wind turbines[J].Measurement,2019,139:370-379.

[84] WANG L,ZHANG Z,LONG H,et al.Wind turbine gearbox failure identification with deep neural networks[J].IEEE Transactions on Industrial Informatics,2017,13(3):1360-1368.

[85] WEN X,XU Z.Wind turbine fault diagnosis based on reliefF-PCA and DNN[J].Expert Systems with Applications,2021,178:115016.

[86] SUN C,WANG X,ZHENG Y.An ensemble system to predict the spatiotemporal distribution of energy security weaknesses in transmission networks[J].Applied Energy,2020,258:114062.

[87] SUN P,LI J,WANG C,et al.A generalized model for wind turbine anomaly identification based on SCADA data[J].Applied Energy,2016,168:550-567.

[88] HU R,GRANDERSON J,AUSLANDER D,et al.Design of machine learning

models with domain experts for automated sensor selection for energy fault detection[J].Applied Energy,2019,235:117-128.

[89] SCHLECHTINGEN M,SANTOS I F,ACHICHE S.Wind turbine condition monitoring based on SCADA data using normal behavior models.Part 1:system description[J].Applied Soft Computing,2013,13(1):259-270.

[90] SIMANI S,FARSONI S,CASTALDI P.Fault diagnosis of a wind turbine benchmark via identified fuzzy models[J].IEEE Transactions on Industrial Electronics,2015,62(6):3775-3782.

[91] MERABET H,BAHI T,HALEM N.Condition monitoring and fault detection in wind turbine based on DFIG by the fuzzy logic[J].Energy Procedia,2015,74:518-528.

[92] LI H,HU Y,YANG C,et al.An improved fuzzy synthetic condition assessment of a wind turbine generator system[J].International Journal of Electrical Power & Energy Systems,2013,45(1):468-476.

[93] CHEN B,MATTHEWS P C,TAVNER P J.Wind turbine pitch faults prognosis using a-priori knowledge-based ANFIS[J].Expert Systems with Applications,2013,40(17):6863-6876.

[94] GOODFELLOW I,POUGET-ABADIE J,MIRZA M,et al.Generative adversarial nets[M]//Advances in neural information processing systems.Berlin:Springer,2014:2672-2680.

[95] GUO J,LEI B,DING C,et al.Synthetic aperture radar image synthesis by using generative adversarial nets[J].IEEE Geoscience and Remote Sensing Letters,2017,14(7):1111-1115.

[96] SAITO Y,TAKAMICHI S,SARUWATARI H,et al.Statistical parametric speech synthesis incorporating generative adversarial networks[J].IEEE ACM Transactions on Audio,Speech and Language Processing,2018,26(1):84-96.

[97] LI J,SKINNER K A,EUSTICE R M,et al.WaterGan:unsupervised generative network to enable real-time color correction of monocular underwater images[J].IEEE Robotics and Automation Letters,2018,3(1):387-394.

[98] SCHLECHTINGEN M,SANTOS I F.Wind turbine condition monitoring based

on SCADA data using normal behavior models. Part 2: application examples [J]. Applied Soft Computing, 2014, 14: 447-460.

[99] RESHEF D N, RESHEF Y A, FINUCANE H K, et al. Detecting novel associations in large data sets[J]. Science, 2011, 334(6062): 1518-1524.

[100] CHEN Y, WANG Y, KIRSCHEN D, et al. Model-free renewable scenario generation using generative adversarial networks[J]. IEEE Transactions on Power Systems, 2018, 33(3): 3265-3275.

[101] SHRIVASTAVA A, PFISTER T, TUZEL O, et al. Learning from simulated and unsupervised images through adversarial training[C]//2017 IEEE Conference on Computer Vision and Pattern Recognition (CVPR), 2017: 2242-2251.

[102] IOFFE S, SZEGEDY C. Batch normalization: accelerating deep network training by reducing internal covariate shift[C]//International Conference on Machine Learning, 2015: 448-456.

[103] CHEN W, CHEN X, ZHANG J, et al. Beyond triplet loss: a deep quadruplet network for person re-identification[C]//2017 IEEE Conference on Computer Vision and Pattern Recognition (CVPR), 2017: 1320-1329.

[104] SCHROFF F, KALENICHENKO D, PHILBIN J. Facenet: a unified embedding for face recognition and clustering[C]//2015 IEEE Conference on Computer Vision and Pattern Recognition (CVPR), 2015: 815-823.

[105] LARRANAGA P, KUIJPERS C M H, MURGA R H, et al. Genetic algorithms for the travelling salesman problem: a review of representations and operators[J]. Artificial Intelligence Review, 1999, 13(2): 129-170.

[106] HERMANS A, BEYER L, LEIBE B. In defense of the triplet loss for person re-identification[J/OL]. Eprint arXiv: 1703. 07737, 2017.

[107] ZHANG S, ZHANG Q, WEI X, et al. Person re-identification with triplet focal loss[J]. IEEE Access, 2018, 6: 78092-78099.

[108] FAWCETT T. An introduction to ROC analysis[J]. Pattern Recognition Letters, 2006, 27(8): 861-874.

[109] YANG W, LIU C, JIANG D. An unsupervised spatiotemporal graphical modeling approach for wind turbine condition monitoring[J]. Renewable Ener-

gy,2018,127:230-241.

[110] WANG Z, TIAN B, QIAO W, et al. Real-time aging monitoring for IGBT modules using case temperature[J]. IEEE Transactions on Industrial Electronics,2016,63(2):1168-1178.

[111] SHENG S. Monitoring of wind turbine gearbox condition through oil and wear debris analysis: a full-scale testing perspective[J]. Tribology Transactions, 2016,59(1):149-162.

[112] ASTOLFI D, CASTELLANI F, GARINEI A, et al. Data mining techniques for performance analysis of onshore wind farms[J]. Applied Energy,2015,148: 220-233.

[113] TERENCE C M. Applied time series analysis[M]. Academic Press,2019:31-56.

[114] MARUGÁN A P, MÁRQUEZ F P G, PEREZ J M P, et al. A survey of artificial neural network in wind energy systems[J]. Applied Energy,2018,228: 1822-1836.

[115] KLIR G J, YUAN B. Fuzzy sets and fuzzy logic: theory and applications[M]. Upper Saddle River NJ: Prentice Hall,1995:97-98.

[116] WANG P. Fuzzy set theory and its applications[M]. Shanghai: Shanghai Science and Technology Press,1983.

[117] POURABDOLLAH A, JOHN R, GARIBALDI J M. A new dynamic approach for non-singleton fuzzification in noisy time-series prediction[C]//2017 IEEE International Conference on Fuzzy Systems(FUZZ-IEEE),2017:1-6.

[118] LIU J, WU C, WANG Z, et al. Reliable filter design for sensor networks using type-2 fuzzy framework[J]. IEEE Transactions on Industrial Informatics, 2017,13(4):1742-1752.

[119] MOUZOURIS G C, Mendel J M. Nonsingleton fuzzy logic systems: theory and application[M]. New York: IEEE Press,1997:56-71.

[120] MENDEL J M. Uncertain rule-based fuzzy systems[M]. Chan, Switzerland: Springer International Publishing,2017.

[121] MENDEL J M. Explaining the performance potential of rule-based fuzzy systems as a greater sculpting of the state space[J]. IEEE Transactions on

Fuzzy Systems,2018,26(4):2362-2373.

[122] WANG J,CHENG F,QIAO W,et al.Multiscale filtering reconstruction for wind turbine gearbox fault diagnosis under varying-speed and noisy conditions[J].IEEE Transactions on Industrial Electronics,2018,65(5):4268-4278.

[123] XIAO F,SHI Y,REN W.Robustness analysis of asynchronous sampled-data multiagent networks with time-varying delays[J].IEEE Transactions on Automatic Control,2018,63(7):2145-2152.

[124] YANG W,LANG Z,TIAN W.Condition monitoring and damage location of wind turbine blades by frequency response transmissibility analysis[J]. IEEE Transactions on Industrial Electronics,2015,62(10):6558-6564.

[125] ALZAHRANI A,SHAMSI P,DAGLI C,et al.Solar irradiance forecasting using deep neural networks[J].Procedia Computer Science,2017,114:304-313.

[126] STETCO A,DINMOHAMMADI F,ZHAO X,et al.Machine learning methods for wind turbine condition monitoring: A review[J].Renewable Energy, 2019,133:620-635.

[127] WANG K,LI H,FENG Y,et al.Big data analytics for system stability evaluation strategy in the energy internet[J].IEEE Transactions on Industrial Informatics,2017,13(4):1969-1978.

[128] STUIKYS A,SYKULSKI J K.An effcient design optimization framework for nonlinear switched reluctance machines[J].IEEE Transactions on Industry Applications,2017,53(3):1985-1993.

[129] TIM M.Explanation in artificial intelligence:insights from the social sciences [J].Artificial Intelligence,2019,267:1-38.

[130] MATHIAS K, STEFAN F. Forecasting remaining useful life: interpretable deep learning approach via variational Bayesian inferences[J].Decision Support Systems,2019,125:113100.

[131] CHRISTOPH M.Interpretable machine learning[M/OL].[2019-01-07].https://christophm.github.io/interpretable-ml-book/.

[132] KIM S J,HA J W,KIM H,et al.Bayesian evolutionary hypernetworks for in-

terpretable learning from high-dimensional data[J].Applied Soft Computing,2019,81:105477.

[133] BERGE G T,GRANMO O,TVEIT T O,et al.Using the tsetlin machine to learn human-interpretable rules for high-accuracy text categorization with medical applications[J].IEEE Access,2019,7:115134-115146.

[134] RAGAB A,EL KOUJOK M,GHEZZAZ H,et al.Deep understanding in industrial processes by complementing human expertise with interpretable patterns of machine learning[J].Expert Systems with Applications,2019,122:388-405.

[135] WACHTER S,MITTELSTADT B,RUSSELL C.Counterfactual explanations without opening the blackbox:automated decisions and the GDPR[J].Harvard Journal of Law & Technology,2018,31:841-887.

[136] APLEY D W,ZHU J.Visualizing the effects of predictor variables in black box supervised learning models[J].Journal of the Royal Statistical Society:Series B(Statistical Methodology),2020,82(4):1059-1086.

[137] WANG Y,WANG D,GENG N,et al.Stacking-based ensemble learning of decision trees for interpretable prostate cancer detection[J].Applied Soft Computing,2019,77:188-204.

[138] HOU B J,ZHOU Z H.Learning with interpretable structure from gated RNN[J].IEEE Transactions on Neural Networks and Learning Systems,2020,31(7):2267-2279.

[139] ZHI S,LI Q,YASUI Y,et al.Assessing host-specificity of Escherichia coli using a supervised learning logic-regression-based analysis of single nucleotide polymorphisms in intergenic regions[J].Molecular Phylogenetics and Evolution,2015,92:72-81.

[140] ABRAMOVICH F,GRINSHTEIN V.Model selection and minimax estimation in generalized linear models[J].IEEE Transactions on Information Theory,2016,62(6):3721-3730.

[141] CREMER J L,KONSTANTELOS I,STRBAC G.From optimization-based machine learning to interpretable security rules for operation[J].IEEE Transactions on Power Systems,2019,34(5):3826-3836.

[142] ZHANG B, WEI Z, REN J, et al. An empirical study on predicting blood pressure using classification and regression trees[J]. IEEE Access, 2018, 6: 21758-21768.

[143] SANTOSH T, RAMESH D, Damodar R E. Spark and rule-KNN based scalable machine learning framework for EEG deceit identification[J]. Biomedical Signal Processing and Control, 2020, 58: 101886.

[144] MUGHAL M O, KIM S. Signal classification and jamming detection in wideband radios using naïve bayes classifier[J]. IEEE Communications Letters, 2018, 22(7): 1398-1401.

[145] WANG D, LI M. Stochastic configuration networks: fundamentals and algorithms[J]. IEEE Transactions on Cybernetics, 2017, 47(10): 3466-3479.

后　记

2020 年 9 月，我国提出了“二氧化碳排放力争于 2030 年前达到峰值，努力争取 2060 年前实现碳中和”的目标，这是国家经过深思熟虑做出的重大战略决策，事关中华民族的发展和人类命运共同体的构建。在此目标下，以风力发电机为代表的清洁能源对“碳达峰、碳中和”目标的实现起着至关重要的作用。国务院印发的《2030 年前碳达峰行动方案》提出：“要坚持安全降碳，在保障能源安全的前提下，大力实施可再生能源替代，加快构建清洁低碳安全高效的能源体系。”保障风机的安全稳定运行，及时准确地检测风机的各类故障，是降低新能源成本、扩大新能源使用的必要途径。

随着人工智能技术的快速发展及其在工业领域的不断应用，基于人工智能和数据驱动的风机故障检测方法越来越受到业界的关注。然而，大多数此类方法都需要充足的数据样本来训练模型，而在风机的故障检测中，能收集到的故障样本数量是相对较少的，难以满足模型训练的要求。小样本条件下的风机故障检测无论在学术界还是在实际应用中都是十分重要的。

本书在前期研究的基础上，以小样本条件下的风机故障检测为课题，对国内外风机故障检测的发展和现状进行了分析。并针对小样本的问题，分别从生成故障样本生成角度、数据特征映射角度、不确定性推理角度、多变因素推理角度四个方面，对风机的故障检测进行了研究，同时对风机故障检测黑盒模型的可解释问题进行了探索和研究。

本书是我们多年的研究成果阶段性的总结，成书目的在于和同行进行相互交流和学习。相信在广大科研工作者的努力下，小样本条件下的风机故障检测将会取得更大的发展。因时间仓促和作者研究水平有限，本书尚有很多不完善的地方，希望同行不吝赐教、提出宝贵意见和建议。我们将再接再厉，克服困难，锐意进取，在工业信息化和智能化的方向上砥砺前行，为行业做出更多的贡献。

著　者

2022 年 1 月